祝酒辞大全

吕双波◎编著

文汇出版社

图书在版编目 (CIP) 数据

祝酒辞大全 / 吕双波编著 . — 上海：文汇出版社，
2010.1
ISBN 978-7-80741-773-6

Ⅰ. 祝… Ⅱ. 吕… Ⅲ. 酒 - 文化 - 中国　Ⅳ. TS971

中国版本图书馆 CIP 数据核字 (2009) 第 240178 号

出 版 人 / 桂国强

祝酒辞大全

著　　者 / 吕双波
责任编辑 / 乐渭琦
装帧设计 / 天之赋设计工作室

出版发行 / **文匯** 出 版 社
　　　　　上海市威海路 755 号
　　　　　（邮政编码：200041）
经　　销 / 全国新华书店
印　　制 / 三河市龙林印务有限公司
版　　次 / 2010 年 3 月第 1 版
印　　次 / 2023 年 3 月第 5 次印刷
开　　本 / 710×1000　1/16
字　　数 / 180 千字
印　　张 / 15

书　　号 / ISBN 978-7-80741-773-6
定　　价 / 48.00 元

前　言

　　酒与生活有着千丝万缕的联系。饮酒已历经数千年而不衰，它不分南北、男女和民族，已成为一种文化符号，表示一种礼仪、一种氛围、一种情趣，同时也成为交朋会友或宴请宾客不可或缺的佳物。

　　人生在世，举杯痛饮，开怀畅谈，慨叹古今，对月长歌！酒，丰富了我们的生活，更孕育了灿烂的酒文化。酒与诗这一中华民族传统文化里的孪生兄弟，不知陶醉了多少文人逸士，倾倒了多少学者风流。就如当年"李白斗酒诗百篇"，自是个幸运儿，靠喝酒、吟诗而得"诗仙"和"酒仙"的称号。

　　而今，酒又被赋予了全新的意义，"无酒不成席""酒逢知己千杯少"更是让人与人之间敞开了胸襟，拉近了距离，沟通了感情。在宴会上，酒喝得不酣畅，宴会就失去了魅力与光彩。从古至今，商贸合作、喜宴寿宴、朋友聚会，人们无一不在推杯换盏中吃出氛围、喝出交情、谈成美事、增进友谊。

　　由祝酒而演变成的祝酒辞，更是当代社会诸多喜庆酒宴中使用的一种传统性、礼仪性、交际性、应酬性兼备的应用文体。祝酒辞的应用，对于交流感情、融洽关系、增进友谊、活跃气氛、促进和谐，有着积极的现实意义。

酒在日常的交际中确实能起到一定的作用，往往有些事情在工作时很难办，可到了酒桌上却能够迎刃而解。因此，交际时不能不喝酒。

酒与交际的紧密结合，会喝酒与会"做人"紧密结合，酒品与人品挂钩，乃是酒桌上最不可言传的奥秘。醉翁之意不在酒，此乃酒局真谛，杯筹来往之间，人际关系拉近不少，谈资信息源源不断而出，乃是一个沟通交流的大好之处。而且酒桌上得来的信息，绝对是网络与电话所得不到的，这也正是在网络时代，还有那么多人兴冲冲地去赴宴的主要原因。

而年末之酒席，更是另有重要意义。

一般说来，若是同事聚会，则往往变成江湖一席谈；如果领导在席，则喝酒往往变成表决心的方式，就算没有酒量，这时候也得拼了；如果是同学聚会，则先仔细问候各自一年是否安好，再转询没来就席的同学近况，越喝到后来，感情表达越丰富，一年来不愿意与人诉说的烦恼心事，终于找到一个宣泄的机会，往往可以看到酒桌上有人笑、有人哭；如果是公司的年终答谢酒席，那就变成了一个拼酒大会，开宴之前总有贵主发言，然后是不同圈子的人一桌桌地发动敬酒。

例数了这么多关于酒的"光荣故事"，我们不难发现，其实喝酒就是表达一种心情，传达一种情意。

本书讲述了各种场合祝酒的实例，诸如节庆、生日、庆典、婚礼、开业、迎宾等等多个方面的宴会祝酒辞，是一本方便你快速进入"酒场"的实用工具书。

目　录
Contents

/ 上篇 /　把酒为媒话社交

/ 下篇 / 与酒共舞传情意

第一章　节庆酒：同贺佳节，开怀畅饮

▶ **第二章 婚宴酒：良缘天赐，百年好合**

▶ 第五章 生日酒：唱响生日歌，倒满祝福酒

▶ **第十五章　座谈会：座上客常满，樽中酒不空**

▶ **第十六章　商务酒：人在江湖走，哪能不喝酒**

/ 上篇 /
把酒为谋话社交

第一章　祝酒探源

1、祝酒辞的兴起

　　酒是我们生活中最常见的一种饮品，饭桌上有酒必定就要敬酒、祝酒。祝酒这一说法追究其根源恐怕至今无人可以说清，但有一点是可以肯定的，那就是祝酒早已融入到酒文化之中了。"无酒不成席"，既然有酒就要喝，但喝酒为什么要碰杯？

　　目前喝酒碰杯有两种说法。

　　一种说法源于古希腊人。传说古希腊人注意到这样一个事实：在举杯饮酒之时，人的五官都可以分享到酒的乐趣：鼻子能嗅到酒的香味，眼睛能看到酒的颜色，舌头能够辨别酒味，而只有耳朵被排除在这一享受之外。怎么办呢？希腊人想出一个办法，在喝酒之前互相碰一下杯子，杯子发出的清脆响声传到耳朵中。这样，耳朵就和其他器官一样，也能享受到喝酒的乐趣了。

另一种说法是源于古罗马。

古罗马崇尚武功，常常开展"角力"竞技。竞技前选手们习惯于饮酒，以示相互勉励之意。由于酒是事先准备的，为了防止心术不正的人在给对方喝的酒中放毒药，人们想出一种防范的方法，即在竞技前，双方各将自己的酒向对方的酒杯中倒一些。后来，这样碰杯便逐渐发展成为一种礼仪。

祝酒是宴席上最为流行的礼仪。祝酒时，主宾都要说些有关祝福、吉利、感谢的话语，如：祝寿宴席上，应祝老人寿比南山、福如东海；婚礼宴席上，应祝新郎新娘百年好合、白头偕老等。

中国酒文化历经数千年而不衰，原因何在？

这是因为在我们生活中，人们习惯把酒代为"久""有""寿"之内涵，不论是喜庆筵席、亲朋往来，还是逢年过节、日常家宴，人们都要举杯畅饮，以增添一些喜庆气氛。同时由于酒有一种微妙的"神奇"作用，故千百年来，人们喜欢以酒祭祖、以酒提神、以酒助胆、以酒御寒……

在不同的时代，不同阶层的饮酒方式亦显得多姿多彩，如先秦之饮尚阳刚、尚力量；魏晋之饮尚放纵、尚狂放；唐代之饮多发奋向上的恢宏气度；宋代之饮多省悟人生的淡淡伤感……

那时的酒多以黄米发酵而成，含酒精量较少，香味绵长，不少人一次可喝几碗甚至几十碗，以显其海量，留下颇多趣闻。"西晋七贤"之一的刘伶，以酒会友，嗜酒如命。有民谚云："刘伶饮酒，一死（醉）三年。"唐代书法家张旭，"往往大醉后，呼喊狂走，然后落笔。"今苏州张旭祠中的一副楹联"书道入神明，酒狂称草圣"，即是对他的赞颂。

历朝历代以酒咏物、以酒抒怀的诗词歌赋、民谚俚语难以数计，这些也可以说是祝酒辞兴起的前身吧。特别是妙趣横生的酒联，能令人回味无穷："酒气冲天，飞鸟闻香化凤；糟粕落地，游鱼得味成龙""三杯竹叶穿心过，一朵桃花上脸来""四座了无尘事在，八方都为酒人开""酒里乾坤大，壶中日月长""一川风月留酣饮，万里山河尽浩歌"，可谓美上加美。

祝酒时，人们崇尚千古流传的"酒不满不成敬，茶不浅不知训"这一名言。古人还讲究把酒烫热了再饮，说"凉酒入肠，令人必伤"。《三国演义》中的"温酒斩华雄""曹操煮酒论英雄"，即是喝热酒的两个有力佐证。

在我国古代，文人雅士饮酒，很讲究饮人、饮地、饮候、饮趣、饮禁、饮阑。

饮人，指共饮者应当是风度高雅、性情豪爽、直率的知己故交，所谓"酒逢知己千杯少"。

饮地，指饮酒场所以竹林、高阁、花下、画舫、幽馆、平畴、名山、荷亭等地为佳，所谓"醉翁行乐处，草木亦可敬"，正是"奠枕楼头风月，驻春亭上笙歌，留君一醉意如何？"

饮候，指选择与饮地相和谐的新春、清秋、雨霁、积雪、新月等最富诗情画意之时饮酒。唐伯虎每于晚凉之时，必邀知己至桃花坞相饮，已成佳话。

饮趣，是指饮酒时吟联、清谈、焚香、传花、度曲等。陶渊明说："有待菊花家酿酒，与君一醉一陶然。"

饮禁，主要包括苦劝、恶谑、喷秽等，避免饮酒时发生一些不愉快的事情。古人饮酒很重视仪表和德性。《小雅》中的"宾之初筵，左右秩秩""酒既和旨，饮则孔偕"，指的就是礼仪之邦饮酒应有的好风尚。

饮阑，指宴席临近结束，酒之将尽时，或相邀散步，或"欹枕"养神，或登高、垂钓。这些风尚雅兴，令人回味无穷。

不仅如此，古人还讲究饮酒行令，以增加筵席中的热闹气氛。行令，也称酒令和划拳，为一种口猜双方手指和数的游戏。

这种游戏虽然以输者罚酒为目的，但由于酒令内容充溢着一种喜庆的色彩，即使输者喝了一杯罚酒，却也感到有种无名的高兴。

2、现代祝酒辞的形成与结构

凡是为喜庆活动主办的酒宴，无论是档次高、规模大的重要盛宴，还是各类公司商务宴请、民间的喜庆酒宴，几乎都要安排祝酒人在宴席前或宴席间向出席酒宴的宾客致以口头或书面的祝酒辞，以表达祝福和致谢之意。

祝酒辞若想做到精炼、动听、得体并紧扣酒宴主题，就不能不认真把握好祝酒辞的基本结构和写作技巧。

人们在交际应酬中，无论是在口头表达上，还是在文辞表述上，基本遵循着一种约定俗成的结构方式来表达祝酒辞。尽管祝酒辞因酒宴的主题、目的、对象、规模、地域、风俗不同而有所区别，表达的内容与风格各有千秋，但祝酒辞的称谓、背景、主体、结尾等几个基本结构层次是必须遵循的。

称谓。无论什么样的酒宴，也无论是处于什么样的场合，在致祝酒辞之前，也即是在背景、主体结构部分表述之前面，要向宾客告知这杯酒是向谁举杯，这即是祝酒辞的称谓。简言之，祝酒辞的称谓就是举杯祝酒（或致辞）时对祝酒对象的称呼。不同主题的酒宴有着不同的称谓对象，必须认真区别。

根据出席酒宴的对象，其称谓可分为敬重性称谓、专指性称谓、泛指性称谓、专指和泛指相结合的称谓。

敬重性称谓，一般多用于比较庄重的场合和身份、地位比较特殊的人物。如年尊的长者或知名度高的人士，以表示对被祝酒对象的尊敬和礼貌。又如在寿诞宴会上的称谓："尊敬的德高望重的刘××老先生……"

专指性称谓，是指被祝酒对象有十分明确的称谓。如："尊敬的××贸易有限责任公司总经理杜××先生……"

泛指性称谓，一般多用于对象广泛、多方宾客出席的喜庆酒宴。如："各位领导、各位来宾、各位朋友、女士们、先生们……"

专指和泛指相结合的称谓，在称谓中既有具体的祝酒指向，又兼顾出席酒宴的多方宾客。如："尊敬的××集团公司周××董事长先生，各位来宾、各位朋友"；又如婚嫁庆典酒宴上："×府外公，×府姻亲，众位亲朋好友、各位来宾、女士们、先生们"。

这种称谓中的第一、二称谓是专指性的称谓，后面的即是泛指性称谓。

背景。背景就是在称谓之后另起一行表述的一段话语，这一段话语就是为后面的主体部分进行表述的铺垫，也是向出席酒宴的宾客简要告知相关情况。但有些酒宴是安排在席间致祝酒辞的，由于宾客对背景已经知晓，可不再在背景部分耗费笔墨了。

背景部分在祝酒辞中是否表述，应视实际情况而定。背景表述一般多由时间、地点、人物、环境、主题意义等方面构成，撰写时可择而用之。

如以节令表述：

在丹桂飘香的金秋时节，我们怀着十分喜悦的心情，迎来了××先生和××女士的新婚佳期。

以天时气候表述：

今天，艳阳高照，大地生辉，我们欢聚一堂，共同祝福×府××老先生80寿诞。

直接点明主题意义的表述：

今天，我们这些1970年从军回乡的战友们，在离别军营生活42周年之际，在这里聚会重逢。

介绍人物式的背景表述：

首先，我向各位宾客介绍，15年前舍己救人、身残志坚的英雄人物张××先生也出席了今天的宴会。

主体。主体是祝酒辞的正文部分，在这部分应把祝辞人要表达的祝福意愿精炼地表述出来。

在探友和商务交往活动中迎送、答谢、招待的宴会上，需要通过这一部分阐述观点，表明立场和态度。有时在商务交往活动中某些难以述说的话，祝酒辞能成为一种融通感情、实现一定目的的特殊方式。

在一般场合，特别是在一些庆典、婚嫁、寿诞等比较隆重、热烈的喜庆场合，良好的祝颂之意要在这部分体现，也是表达祝辞人情感的重要段落。

如一对夫妇双逢40华诞，祝酒辞的主体部分是这样表述的：

宾客的光临，带来了美好的祝福；宾客的厚礼，表达了厚意深情；席上的菜肴，展示了厨工师傅的烹调技艺；生日庆典的有序操办，体现了执事人员的辛劳。在此，我奉××夫妇及其双亲大人之意，一并在席间深表谢意。

席上没有山珍海味，但有乡土菜肴，请各位细品慢尝；没有高档美酒，但有五星泸州老窖，请各位开怀畅饮，尽兴方乐！

各位，40岁是金色的华年，是如日中天的骄阳，是事业的中坚力量；40岁是盛开的玫瑰，是甘醇的美酒！

在这个主体部分，祝酒人表达了对夫妇生日庆典的美好祝颂和对宾客及工作人员的谢意。

主体部分如何表述才能得当，要视被祝酒人或出席喜庆酒宴对象的身份、地位、职场、喜庆酒宴的主题、目的和社会意义而确定。

结尾。祝酒辞的结尾，是酒宴气氛的高潮。多数的表述方式为："为……干杯！""现在，我提议：为……干杯！"或"让我们共同祝福……干杯！"

这部分一般应包含祝福、祝愿、致谢等方面的内容。如在某女士出嫁庆典酒宴上，祝酒辞的结尾是这样表述的：

现在，我提议：请大家斟满酒，举起杯，祝福×府××小姐与×府××郎君美好结合，相亲相爱携手共建新家庭，同心同德迈向新生活，和睦和谐做对好夫妻，今生今世携手到白头！大家一齐干杯！

综上所述，不难看出，祝酒辞在各类喜庆酒宴中的感染力和影响力是显而易见的。有鉴于此，祝酒辞更应与时俱进，根据时代变化的客观情况，适时地赋予祝酒辞新内容、新风貌，使祝酒辞体现出鲜活的时代气息。

第二章　祝酒礼仪

1、职场敬酒礼仪

身在职场已经十多年了，当初还是职场新人的时候，因为很多事情都不懂，结果做了很多错事，现在回想起来，自己都感觉好笑。今天，我想以职场老大哥的身份给大家说说职场新人必知的一些礼仪，希望可以帮助初入职场的小弟小妹。作为职场新人，要掌握的知识有很多，在这里我就说说职场新人的饮酒礼仪吧。

不要反过来灌上司喝酒

我第一次陪老板出去吃饭，办公室的一位前辈说，有人给老板灌酒的时候要帮老板挡酒。所以我按照前辈的箴言，吃饭的时候很主动地接对方递过来的酒。几杯过后，老板倒是清醒得很，我却头有点小晕了。

敬完了客户，我走到老板面前，敬老板一杯酒。看到我这样，老板只能硬着头皮喝了。第二天清醒之后，我把吃饭的过程告诉前辈，前辈便数落我不懂事，哪有一边帮老板挡酒，一边还给老板灌酒的。

不要两手空空地去吃饭

销售主管小 K 突然说请吃饭，还说会带女朋友过来。

吃饭的地方是个挺高级的餐厅，吃到了一半，小 K 搂着女朋友站起来，说今天其实是他们俩订婚的日子，因为不想太高调，所以就请同部门的同事聚一下。

其他同事纷纷拿出了自己或者几个凑份子买的礼物送给他们，只有我像个外星人一样，张大了嘴巴，瞪圆了眼睛，可以想象两手空空的我在那种场合是多么尴尬！

想想也是，我既然知道没人会平白无故地请客，怎么还会傻到两手空空地去吃饭。

不要太放纵自己

公司新来的一名女同事比较放得开。那次公司搞活动一起出去旅游，大家入座吃饭顶多也就是谈笑风生，没想到那女同事主动移到老总身边，用夹生的普通话一遍一遍去敬酒。几杯下肚，她竟然开始手舞足蹈，还放大了胆子把手搭在老总身上。

自那以后，这名新来的女同事没得到多少人缘，大家都私底下不屑与这样的"乱性者"为伍。而另一头，老总似乎也没有如她设想那般对她有特殊照顾，而是"谈此女色变"。

点酒水的大权留给领导

有一次，领导让我晚上一起去陪客户。到了饭桌上，领导把菜单转到我面前叫我点菜时，我就慌了神，好不容易点完了几个自认为比较安全的菜，心里早已经七上八下的。也不知是不是过于紧张想缓解一下情绪喘口气，我把菜单递给了领导，问他要什么酒水。领导顺手接过，我也顺利交接了"任务"。

往后每逢公司应酬饭局让我点菜时，我便总把酒水的决定权交由领导，一来说明我不是从头到尾自作主张，二来也让领导对饭局的预算有一个终局性的把握。

新人要懂"难得糊涂"

这个周五下班后，便有同事请我一起去聚餐。饭桌上的事情是最捉摸不透的，但去还是要去。等菜的时候，便是大家互吹牛皮的时刻，讲笑话没问题，但讲到原则性笑话的时候新人还是不要多语，天知道这是不是老员工在试探你的道行深浅呢。

菜上来了，一桌人边吃边聊，从股市暴跌讲到商场让利。作为新人，张嘴是必须的，否则人家会以为你故作深沉，但更多时候则是点头和赞叹。前辈总是想在新人面前倚老卖老一番的，即使他的观点跟你的针锋相对。

我认为和同事吃饭，最关键的就是难得糊涂。

顾全老板就是顾全大局

老板带我去广西出差，办完事情自然少不了宴请对方大吃一顿。桂林美食着实让我垂涎三尺，因为老爸做过厨师，对于吃，我可是造诣深厚，只不过现在是老板带着我，还有客户在，所以不好表现得太过张扬，但也要适时表现一下。

老板随和，点菜的时候会不时征求一下我和客户的意见，于是我那强大的料理知识储备便派上了用场，谦逊地点评了一下菜色。老板笑意融融。

老板点完菜，问我还要加些什么。我瞄了眼点菜单，没有鱼。老板爱吃鱼是公司出名的，我脑筋一转想起广西特色菜里有几道是鱼，便点了一道。老板笑意更浓。

吃饭的时候，免不了喝酒。老板不能喝也是大家心知肚明的，一个眼色，我便揽下了挡酒的活儿。一顿饭下来，双方都比较满意，也做成了人情。

职场新人饮酒礼仪

1、酒不能多喝，但也不能不喝，应该首先明白自己的度在哪里。

2、领导相互喝完，才轮到自己。

3、敬酒时话不能多，可以简要表明心态，

4、若职位低，记得多给领导添酒，不要瞎给领导代酒。就是要代，也要在领导确实想找人代，还要装作自己是因为想喝酒而不是为了给领导代酒而喝酒。比如，领导不胜酒力，可以通过旁敲侧击把准备敬领导的人拦下。

5、新人碰杯时，记着自己的杯子永远低于对方。

2、上级敬酒礼仪

作为一个领导者，在酒桌上与众多下属喝酒也是有一定学问的，酒桌上往往是上下级之间沟通的一个平台。

在喝酒的过程中，当众多下属与领导坐在一起的时候，他们肯定会有压抑感。这时，如果你是上级的话，那么你对下级就要和蔼一点儿，不要在酒桌上还摆领导架子，要像生活中的朋友一样喝酒，下级会觉得你这样的人很有风度。

作为上级，此时就要多聊一些关心下属生活的话题，或是工作之外的一些趣闻轶事等，切不可把酒桌当成办公桌。

一个好的上级，无论在工作中，还是酒桌上，都能体现领导者的智慧。喝酒是一门学问，虽然不大，但却非常实用。

上级给下级敬酒，杯中酒含有多种意思，即使是空杯也代表亲民、慰问、鼓励和关怀。如果你与下属多些平等对饮的机会，此时，此杯酒则意味着你对他们莫大的赞赏。

酒局在大公司中的运用，也考量着上下级之间的智慧和应对能力。酒喝不好，职位有可能就会被喝"跑"，此话不可不信。特别是高层领导之间，上级跟下级喝酒时，如果下级领导的秘书看到大领导向自己的领导敬酒时，千万不要主动上去说："我替某某领导代敬、代饮之类的话……"要看自己领导的脸色、眼色行事。

领导跟下级喝酒时，一般不会说敬。有的领导会直接说叫×秘书替我跟××喝一杯。

当然，如果一个领导者能降下身份来，与一班下属们在酒桌上打成一片，也不失为是一种为官之道。"士为知己者死"，这份情感也是用酒一点一滴"浇灌"出来的。

3、下级敬酒礼仪

在工作中，我们经常会遇到陪领导外出应酬，如果你不清楚这里面的一些"潜规则"，有可能会给你带来很多烦心事。

有的人认为，一餐饭一顿酒的表现，说不定可以决定自己的前途，所以在酒桌上常常会看到一些有趣的现象。

也有些人从来不肯喝酒，但是如果有领导在场，敬酒就特别主动。不过，往往是上级劝下级喝酒容易，但下级要想成功向上级劝酒，就得以牺牲自己为代价。聪明的下属敬酒，首先得跟领导言明，自个干杯，领导随意。

前段时间，朋友小李就跟我讲述了他的一件烦心事，这也许对大家也是一个启示。

"我真不明白，这几天来，销售部的王部长对我的态度为什么那样反常，那么冷漠？每次见到他，我总是一如既往，很客气、很有礼貌地称呼他一声王部长，虽不说是点头哈腰，但态度十分谦恭。可是他总是板着面孔，爱理不理，甚至连嗯也不嗯一声。

"以往，王部长对我的印象不错，曾经多次公开表扬过我，据说已把我列入部门经理，进行重点培养。我对王部长也是由衷地尊敬，尽管单位里有不少人喜欢在背后议论张三李四，议论对象当然也包括王部长在内。然而，我这人从来不搞自由主义，从不在背后议论别人，更不用说是王部长了。再说，王部长待我这么好，我能没良心对他说三道四吗？当然不能。

"我认真地反省了一下，觉得自己没有做过任何对不起王部长的事情，可是王部长对我的态度为什么会变成这样呢？难道有人打了我的小报告，在他面前说了我的坏话？可我并没有什么有失检点的行为，又有什么话柄在人家手上呢？我百思不得其解。

"我决定去找办公室主任陈主任。陈主任既了解我，也了解王部长，我想向他谈谈自己的想法。

"陈主任听了我的诉说以后，呵呵地笑了起来。他说：'我提醒你一下，你还记得上个星期六在新世纪大酒店那个晚宴上的情景吗？'我说：'当然记得，可我在酒桌上非常谨慎，没有任何失态的表现啊！'

"陈主任说：'你还记得你给王部长敬酒的那一刻吗？'我说：'记得，我是第一个给王部长敬酒的。当时我高高地举起酒杯，对王部长说：王部长，您意思一下，我先干掉。'

"陈主任说：'问题就出在这里。你的态度当然是很诚恳的，可是你不懂得敬酒的学问。'我一怔，忙问：'敬酒还有什么学问？'陈主任说：'敬酒的学问大着呢。下级向上级领导敬酒，必须毕恭毕敬地站着，面含微笑，双手捧着酒杯，高度不能超过领导的酒杯。喝酒的时候，要微微地欠着身子，说声：领导您请！领导没有举杯的时候，你千万不能先喝，等领导喝了你才能喝。'

"我初次听说敬酒还有这么多学问，觉得很有意思。

"陈主任接着说：'那天，我见你向王部长敬酒，身子笔挺，一只手举着酒杯，而且举得很高，比王部长的酒杯高出足足有20公分，给人一种居高临下的感觉，看上去不是你向领导敬酒，倒像是领导向你敬酒了。我当时就发现王部长面有愠色。那是一种什么样的场合？你的行为如此不合礼节，明显让人看出你对领导不恭，王部长怎么会对你没有看法呢？'"

当我听完小李遭遇的这件事时，真是让人哭笑不得，没想到一件小小的喝酒事情竟会如此复杂。但仔细回味，人家陈主任说得还真是有一定的道理。

所以，在此提醒在职场中打拼的朋友，一定要在酒桌上找准自己的位置，可别让酒没把你喝倒，先让"酒礼"把你扳倒啊！

4、女人敬酒礼仪

大多数合作单位间应酬的场合，宾主双方领导都喜欢带上一两个长相漂亮、酒量又好的女下属，这样才容易"搞掂"对方领导，保住自己的"阵地"。这是因为，一般女下属敬酒，只要碰了杯，对方大多会一饮而尽。

现代女性的社交活动越来越频繁，如能拥有端庄的举止、优美的仪态、高雅的气质，将有助于女人在事业上的成功。因为优雅的仪态是女人展现社交魅力的制胜秘诀，也是一个人内心世界的外在表现。

如果我们把说话的语言看成是与人交往的第一座桥梁，那么，仪态虽然是一种无声的语言，却无时不在影响着别人对我们的看法——手势、身体的各种姿势、面部表情都能传达我们的内心和我们的素养。

初入职场，每个人避免不了在工作中的一些应酬活动，每到这时总觉得自己很尴尬，不知道如何应付才好。身为一个女人，怎么才能做到得体的敬酒、劝酒呢？

女人劝酒，无论从说话技巧、表现形式、策略，都体现了女人更了解怎样劝酒才更加有效。当然，也有男人自己经不起诱惑、为了面子等自身原因，才造就了女人敬酒天下无敌的饭局一景！

首先，现代的女人很懂酒。酒在男人的眼里，是自身与他人胆量的试金石，而在女人这里，它是生活的调味品，是接近潮流时尚的一种情调。

其次我想说，不同的女人在劝酒的时候，采用了不同的策略，从说话技巧、外部力量、团队力量等等来加以实现女人劝酒的效果。

男人去劝酒，往往自己先一饮而尽了再说；而女人去劝酒，却多用一个眼神、一个浅笑外加言语来让对方觉得很有面子。男人在女人面前，如果喝醉了也说没醉；而女人在男人面前，不作任何言语，换上奶茶果汁也无所谓，因为有谁会跟女人计较啊。

在敬酒的时候，女人的策略往往通过说话技巧反映地淋漓尽致。比如，她说："我给你倒杯酒，你要喝的，不喝就是嫌我丑。"比如，她说："我是不会喝酒的，今天看到你高兴，你说现在我都喝酒了，你应该喝几杯啊？"厉害哦，这句话可大有学问，回答的不好，你就准备多喝几杯吧！

女人有很强的驾驭外部力量的能力。比如，有谁不喝酒，她就说："这点儿面子都不给，就喝一杯？你看大家都看着我们，我下不了台了！"谁能抵挡这种要求，保护女人是男人应有的责任啊！

还有，比如女人来敬酒，却拿着饮料，你可千万不要点穿，一点穿，后果严重了。她就会对某某领导说："你看这家伙还跟女人斤斤计较，领导你说应该不应该先罚他的酒？"领导一定会站在她的那边。

最后我想说，女人在抵御劝酒方面也有自己的一套保身法则，所以男士尽量不要去劝酒。女人喝酒讲究个矜持，也有尺有度的，基本上你把好话说尽了，她不喝就是不喝。

还要记住，女人要么不喝酒，要喝酒的女人，酒量多数都是很大的，并且女人在酒桌上都是抱团的。

5、晚辈敬酒礼仪

敬酒是中国人的美德。有朋自远方来，若不沾酒以待，是失礼；送客人走，劝君更进一杯酒，是重情。请吃或者吃请，宾主总得杯筹交错，喝上几杯。

无酒不成宴，一般而言，每桌酒席，主人总要让客人一醉方休，那叫招待热情。如果你是性情中人，一餐饭下来酩酊大醉，绝对是很正常的现象。

如果你在酒桌上表现不佳，一到酒桌上就打怵，肯定会大大影响你的交际能力。因此，研究一下敬酒礼仪是非常重要的。

作为一个晚辈，在酒桌上，首先要坐对位置。主宾（请的最重要的客人）坐在主人（牵头请客的人）的右手，要是晚辈一定要坐在下手的位置。

对长辈敬酒，晚辈的酒杯一定要低于长辈的酒杯，也就是说，你碰杯的时候要碰长辈杯子的下方；态度要恭敬，要双手捧杯；眼神也很重要，要流露出对他的尊敬；很多时候，言多必失，所以不用说太多的话；要是需要展示自己，就要了解对方，说出对方真正的优势，表示赞叹和崇拜。

总之一句话，用肢体语言表达出你的敬意和尊敬即可。另外还要有眼力，要及时做好服务工作，比如及时倒茶、点烟等。

除去这些，你还要做到以下几点：

语言得当，诙谐幽默

酒桌上可以显示出一个人的才华、见识、修养和交际风度，有时一句诙谐幽默的语言，会给客人留下很深的印象，使人无形中对你产生好感。所以，应该知道什么时候该说什么话很关键。

劝酒适度，切莫强求

在酒桌上往往会遇到劝酒的现象，有的人总喜欢把酒场当战场，想方设法劝别人多喝几杯，认为不喝到量就是不实在。

"以酒论英雄"，对酒量大的人还可以，酒量小的人就犯难了，有时过分的劝酒，会将原有的朋友感情完全破坏。特别是你身为晚辈，切不可过于强求，一定要点到为止。

敬酒有序，主次分明

敬酒前一定要充分考虑好敬酒的顺序，分明主次。即使与不熟悉的人在一起喝酒，也要先打听一下对方的身份或是留意别人如何称呼，避免出现尴尬的局面。

有求于某位客人时，对他自然要倍加恭敬。但是要注意，如果在场有更高身份或年长的人，则不应只对能帮你忙的人毕恭毕敬，也要先给尊者或长者敬酒，不然会使大家都很尴尬。

锋芒渐露，稳坐泰山

宴席上要看清场合，正确评估自己的实力，不要太冲动，尽量保留一些酒力和说话的分寸，既不让别人小看自己，又不要过分地表露自身。选择适当的机会，逐渐放射自己的锋芒，才能稳坐泰山，不致给别人产生"就这点儿能力"的想法。

6、商务敬酒礼仪

在商务合作上，酒是必不可少的社交工具。从操作流程的角度来说，商务敬酒要注意四个方面：

怎么斟酒

敬酒之前需要斟酒。按照规矩来说，除主人和服务人员外，其他宾客一般不要自行给别人斟酒。如果主人亲自斟酒，宾客要端起酒杯致谢，必要的时候应该起身站立。

如果是作为大型的商务用餐来说，都应该由服务人员来斟酒。斟酒一般要从位高者开始，然后顺时针进行。如果不需要酒了，可以把手挡在酒杯上，说声"不用了，谢谢"就可以。

中餐里，别人斟酒的时候，也可以回敬以"叩指礼"。特别是自己的身份比主人高的时候，即以右手拇指、食指、中指捏在一起，指尖向下，轻叩几下桌面表示对斟酒者的感谢。

酒倒多少才合适呢？白酒和啤酒都可以斟满，而其他洋酒就不用斟满。

什么时候敬酒

敬酒应该在特定的时间进行，并以不影响来宾用餐为首要考虑。

敬酒分为正式敬酒和普通敬酒。正式敬酒，一般是在宾主入席后、用餐前开始就可以敬，一般都是主人来敬，同时还要说规范的祝酒辞。而普通敬酒，只要是在正式敬酒之后就可以开始了。但要注意，敬酒是在对方方便的时候，比如对方当时没有跟其他人敬酒、嘴里没有食物时。而且，如果向同一个人敬酒，应该等身份比自己高的人敬过之后再敬。

敬酒的顺序

敬酒按什么顺序呢？一般情况下，应按年龄大小、职位高低、宾主身份为序，敬酒前一定要充分考虑好敬酒的顺序，分明主次，避免出现尴尬的情况。

即使你分不清职位或身份高低，也要按统一的顺序敬酒，比如先从自己身边按顺时针方向开始。

敬酒的举止要求

宴会开始了，主人首先要站起身来向大家集体敬酒，并同时说标准的祝酒辞。这种祝酒辞内容可以稍长一点，但也在 5 分钟之内讲完。

祝酒辞讲完，主人面含微笑，手拿酒杯，面朝大家。

主人提议干杯的时候，所有人都要端起酒杯站起来，互相碰一碰。按常规做法，敬酒不一定要喝干，但即使平时滴酒不沾的人也要拿起酒杯抿上一口装装样子，以示对主人的尊重。

此外，来宾代表也可以向集体敬酒。来宾代表的祝酒辞可以说得更简短，甚至一两句话就可以。比如："各位，为了以后我们的合作愉快，干杯！"

涉及礼仪规范内容更多的还是普通敬酒。主人正式敬酒之后，各位来宾跟主人之间或者来宾之间可以互相敬酒，同时说一两句简单的祝酒辞或劝酒辞。

别人向你敬酒的时候，要手举酒杯到双眼高度，在对方说了祝酒辞或"干杯"之后，再喝。喝完后，还要手拿酒杯和对方对视一下，这一过程才结束。

敬酒的时候还要特别注意：无论是敬的一方还是接受的一方，都要注意因地制宜、入乡随俗。

我国部分地区，特别是东北三省、内蒙古等北方地区，敬酒的时候往往讲究"端起即干"，在他们看来，这种方式才能表达诚意、敬意。所以，在具体的应对上就应注意，自己酒量欠佳应该事先诚恳说明，不要看似豪爽地端着酒去敬对方，而对方一口干了，你却只是"意思意思"，这往往会引起对方的不快。

另外，对于敬酒的来说，如果对方确实酒量不济，就没有必要去强求——喝酒的最高境界应该是"喝好"，而不是"喝倒"。

在中餐里，还有一个讲究：即主人亲自向你敬酒干杯后，你要回敬主人一杯。

回敬的时候，要右手拿着杯子，左手托底，跟对方同时喝。干杯的时候，使自己的酒杯较低于对方酒杯，可以象征性跟对方轻碰一下酒杯，不要用力过猛，非得听到响声不可。出于敬重，如果与对方相距较远，可以以酒杯杯底轻碰桌面表示碰杯。

和中餐不同的是，西餐用来敬酒、干杯的酒，一般都用香槟；而且，只是敬酒不劝酒，不真正碰杯；还不可以越过自己身边的人跟相距较远者祝酒干杯，尤其是交叉干杯。

第三章　祝酒出招

中国人的好客，在宴会上发挥得淋漓尽致，人与人的感情交流往往在敬酒时得到升华。中国人敬酒时，往往都想对方多喝点儿酒，以表示自己尽了地主之谊——客人喝得越多，主人就越高兴，说明客人看得起自己；如果客人不喝酒，主人就会觉得有失面子。

那么，如何才能当好这个"酒司令"呢？本章里就为大家介绍一些劝酒的方法。

1、劝人饮酒千方百计

有人总结到，劝人饮酒有如下几种方式："文敬""武敬""回敬""互敬""代饮""罚酒"。这些做法有其淳朴民风遗存的一面，但把握不好度会有一定的负作用。

文敬：是传统酒德的一种体现，也即有礼有节地劝客人饮酒。

酒席开始，主人往往在讲上几句话后，便开始了第一次敬酒。这时，宾主都要起立，主人先将杯中的酒一饮而尽，并将空酒杯口朝下，说明自己已经喝完，以示对客人的尊重。客人一般也要喝完。在席间，主人往往还分别到各桌去敬酒。

武敬：几轮酒下来，几个人可以划拳，谁输谁喝，但要注意不要过于喧哗，影响别人。

回敬：这是客人向主人敬酒。

互敬：这是客人与客人之间的敬酒，为了使对方多饮酒，敬酒者会找出种种必须喝酒的理由，若被敬酒者无法找出反驳的理由，就得喝酒。在这种双方寻找喝酒论据的同时，人与人的感情交流得到升华。

代饮：即不失风度，又不使宾主扫兴的躲避敬酒的方式。本人不会饮酒，或已经饮酒过多，但是主人或客人又非得敬上以表达敬意，这时，就可请人代酒。代饮酒的人一般与他有特殊的关系。在婚礼上，男女方的伴郎和伴娘往往是代饮的首选人物，故酒量必须大。

为了劝酒，酒席上有许多趣话，如："感情深，一口闷；感情厚，喝个够；感情浅，舔一舔。"

罚酒：这是中国人敬酒的一种独特方式。"罚酒"的理由也是五花八门，最为常见的可能是对参加宴会迟到者的"罚酒三杯"。有时也不免带点儿开玩笑的性质。

2、适当地来点儿威慑

酒桌上什么事情都有可能发生，如果你发现宾客中有企图闹酒的"恶作剧者"，此时，为了防患于未然，要打打心理战。兵书上有"威慑"一法，即显示实力吓倒对方，不战而胜。

有这样一则故事。父子俩挑稻谷进城去卖，馋酒，没钱。父亲就对酒铺老板说："酒让我们喝到够，这两担稻谷就归你了。"老板乐呵呵地扒拉了一下算盘，可以做这笔买卖。

父子俩要老板炒一盘黄豆当菜下酒，奇怪，他俩只是大碗吃酒，不动一粒黄豆。几个小时过去了，老板不断添酒有些心痛了。突然，听到父亲训斥儿子说："你小子，没出息，酒刚刚喝开头就嚼黄豆啦！"老板心惊，什么！喝到现在还算刚开头，这一盘黄豆全吃完那要喝多少酒啊！快，开仓库，还稻谷，请走路。

其实，父子俩已经喝得差不多了，他用的就是威慑法。

碰到"恶作剧者"，也要镇住他。他说干满杯，你说一饮3杯；他说各开1瓶对着干，你说1瓶不过瘾，非得来2瓶。这种心理战的攻势，要有点儿气魄。

3、进攻是最好的防守

　　酒桌上切不可做老好人，老话讲"来而不往非礼也"。如果你是客人，也应该伺机"反攻"，向主人敬酒表示感谢与敬意。老是坐着等酒司令敬上来，自己没有任何表示，不是架子太大，就是呆瓜一个。你攻我守，你守我攻，这才热闹欢洽。

　　反攻法有要诀。首先，客人要安于本分，顺从应酬。其次，探测主人的酒量实力，选准反攻力度。比如，待主人攻势渐弱，时机到了就开始反攻。再次，敬酒要有恰当的敬酒辞。最后，反攻次数要适当，攻少于守为宜，一比一亦可。主人攻过来一次，客人反攻过去一次，不能喧宾夺主。有些人醉态一露，把酒司令的"令旗"都抢过来，这就失礼了。

4、小游戏助酒兴

　　当我们在宴会过程中觉得气氛不够热烈时，也可以适当地加点儿游戏环节，斗智助酒兴。即古人所说："剥将莲肉猜拳子，玉手双开各赌空。"

简单的游戏，可以猜双数单数，用硬币、火柴棒、瓜子均可。

复杂一点的游戏，碰到结婚喜筵，备有为讨"早生贵子"口彩的红枣、花生、桂圆、莲子，可取来一用。供猜者可以手握若干颗，也可以放置小器皿内若干颗，一猜双数单数；二猜红枣、花生、桂圆、莲子哪一种；三猜颗数，当然颗数要有限度，8颗以内为好。

5、摆摆擂台

宾客双方在酒兴上来之后，也可以像围棋擂台赛一样，宾主双方对垒打擂台。客方推选一人为擂主，酒司令自然要当主方擂主，人人都参加，酒的品种可以自选，以热闹为主。

两位擂主分别点将出战，互相猜拳、猜火柴棒、敲杠子都可以，败者饮酒退下，擂主再派将上来战。假如宾主双方各五人，擂台打到最后，若是主帅相遇就有意思了——败者要用大杯子吃点儿"硬货"，受罚。

6、划拳分胜负

划拳是酒场上常见的助兴方法，说它不文明是有点儿"冤枉"，只要编好口令，就能划得文明、划得热闹。

划拳的一般方法是两人同时出拳伸指喊数，喊中两人伸指之和者为胜，负者饮酒。

我看见高手相逢时都是全身心地投入，脖颈伸长挺直，眼神炯炯，挥舞手臂如蛟龙，手腕灵活像狡兔，五指翻飞，变化迅速，斗智斗巧。

大家还可划连环拳。甲用左手，乙用右手，分出胜负，负者饮酒。接着，乙改用左手，乙的左邻用右手再划，依次按顺时针方向划下去，异常热闹。

不会划拳的朋友可以来些简单点的游戏，像划双数单数，一方选双，一方选单，出指数相加为双，双胜；为单，单胜。也可划锤子、剪刀、布，出拳头为锤子，出中指、食指为剪刀，出手掌为布。锤胜剪，剪胜布，布胜锤。

7、"逼上梁山"法

兵法上讲："劝将不如激将。"这招有时在酒桌上也十分有效，有人左劝右劝劝不动，用计一激对方就饮。女同志激男同志，小个子激大个子，老头子激小伙子，被激者必须是直心肠，受不了语言的进逼和众人帮腔的"舆论压力"，最后就大喊："我就喝给你们瞧瞧，别啰嗦了。"

但是，激将法要看对象，"老奸巨滑"的朋友不要去激他，有时用此法反而会弄巧成拙。"少年见酒喜欲舞，老大畏酒如畏虎"，对那些确实畏酒的人，不要去激，弄得人家进退两难也不好。

8、歌声笑话劝酒法

去过少数民族地区的朋友都清楚，以歌劝酒是有些少数民族的拿手好戏。酒到酣时，豪情纷飞。酒司令可以提议，自己一方善唱者清唱一曲，众人为活跃气氛往往会鼓掌催歌。

歌声起，性情悦，再饮一杯乐无穷。

主人还可以提议，自己一方善讲笑话者讲一则酒笑话故事，讲完无人笑，罚他一杯。有人就讲了这样一则故事：某人日日大醉，友人劝他戒酒。他诚恳地说："我是想戒酒的，只因为儿子出门没消息，心里忧愁，借酒消愁呀！儿子回来了，我假如再喝，就让大酒缸把我压死，小酒杯把我噎死，跌在酒缸里把我泡死。看吧，我决心大吧！"别人倒很相信，又同情地问他儿子到底去了何处。他说："我儿子到杏花村给我买酒去了。"

这则故事讲得要绘声绘色，一点一点蓄势，到末尾猛一放噱头，使宴席充满欢乐和笑声。

9、火力侦察法

知己知彼，百战不殆。如果全桌都是老朋友，此法可省略。碰到"初次见面，请多关照"的新朋友，要先来一番火力侦察，不能凭想当然放过"小块头"，对着"大块头"连敬带攻。弄错目标，造成"张郎贪酒无人敬，李郎醉酒苦哀求"就不好了。

最简单的办法是，一上来酒司令就以豪情带动大家，请各位客人痛痛快快地自报酒量，采用"酒筹记数法"：自报白酒3两者，面前放酒筹3枚；自报白酒8两者，面前放酒筹8枚。饮完1两，酒司令收取1枚，凡门前酒筹未清者都可攻。

假如客人有心计，不暴露自己的实力，酒司令就要"投石问水深，打草观蛇行"，逐一碰杯试探。有经验的酒司令一看苗头就有数，说话爽不爽，饮酒痛快否，准能发现目标。

火力侦察出每位宾客的酒量大小，才能找到全桌的中心人物，才能对每位宾客攻得恰到好处。

10、全面兼顾法

所谓攻，就是敬酒。既然大家坐到一桌上吃饭，那就不论量大量小、善言讷口，都一律平等。酒司令要注意，全面兼顾，逐一"攻"遍宾客，充分表达东道主对每一位客人的诚意与敬重。

千万不能只顾敬主宾，不敬从宾；只顾敬量大者，而忽略了量小者；只顾陪活跃者，冷落了讷口者。更不能因为宾客不善饮酒，酒司令忘乎所以，同自己一方热闹斗酒，弄得宾客旁观枯坐，没有滋味。

11、文字游戏方式

对文化素养较高的朋友，可选用一些高雅的劝酒游戏方式。

猜字谜。酒司令提前准备好若干条谜面，客人抽取，限时一分钟，猜不出者罚酒，猜出主人喝。比如，谜面"嘴比嘴大，嘴比嘴小，嘴被嘴吞，嘴被嘴咬"，谜底"回"；谜面"巧了不空，空了不巧，既空又巧，办法真好"，谜底"窍"。难度适当为宜。

成语接龙。大家轮流各说一句成语，要求后者说的成语第一字必须和前者说的成语最后一字相同。比如，欣欣向荣——荣华富贵——贵人多忘——忘情山水——水深山高——高风亮节……

如果后者难以接下去，前者必须接成功，接成了要罚后者，接不成就罚前者。

12、舆论引导法

宴席开始，东道主热情致辞后，或自封或任命己方一人为酒司令。有道具的话，酒司令面前就树起精致的"令旗"。

既为酒司令，自己先满饮一杯，然后发号施令。

攻就这样开始了。兵书曰："攻心为上"，所以先要宣传弘扬传统酒德，倡导现代酒风，把"一醉方休""三酒胃泰""感情铁，不怕胃出血"之类的邪气攻掉。

酒司令把话说得意义重："今生有缘相聚，大家喝个痛快，喝个爽气，喝个随意。酒逢知己千杯少，半斤八两由你报；人的酒量有大小，'硬货''软货'自己挑；真心敬酒全喝掉，被敬随意喝多少。"一番舆论引导，把基调定准，把"出气氛，不伤人"两原则体现出来。这就叫未用兵，先用智。

13、巧设计策法

酒桌上也要来点儿"小圈套"。当把"恶作剧者"吓住后，作为酒司令就得来些文明进攻的招数。看准客人能喝，酒司令就与其斗斗语言技巧，诱使对方在语言上出现漏洞。

"好，我先干，你再喝吧。"酒司令仰脖子一饮尽。一言既出，驷马难追，客人只得就范，被攻下来了。

14、"渔翁网鱼"法

盒中放置一些彩色塑料做的小鱼，5 个品种，红色鲫鱼，黄色草鱼，蓝色鲤鱼，白色扁鱼，黑色带鱼。

席上，每人摸一条"鱼"，握在手中。当渔翁者说："这一网捕鲫鱼。"手握红色塑料小鱼者即为被捉到，罚酒一盅。假如，各人松拳一看均为"鲫鱼"，一网捕尽，渔翁大胜，每人罚一盅；假如网空，无一"鲫鱼"，渔翁罚酒，换人。

此方式也可灵活变通，用五色纸团代替，或者用火柴棒代替，戏耍玩乐，兴味不减，酒就下去了。

15、跳七法

跳七法不用任何道具，只用嘴就可以来"跳七"游戏。

按顺时针方向，大家依次喊"1、2、3、4、5、6"，到 7 和 7 的倍数 14、21、28、35……不能出声，用手指轻敲一下桌面表示跳过，后边人接着喊"8、9、10……"

到了 7 的倍数，凡是不轻敲桌面或误喊"7""14"，或是反应迟缓停顿时间 3 秒钟以上者，均由酒司令执法罚酒。受罚者再从头喊起。

第四章　拒酒有术

　　饭店这个交际场所，是挺考验人的。你不能喝酒，最好学会拒酒；你酒量不能让酒友们痛快，那就凭三寸不烂之舌让大伙儿开心。这样，你既不伤自己的身体，又不致让劝酒者扫兴。

　　下面介绍几条"拒酒、防酒"的方法，仅供大家参考。

1、慢饮慢酌

　　科学上来讲，酒快易醉。在酒桌上，如果你被瞄上，刚饮下一杯，又有朋友站在跟前纠缠，那就要与他多缠一会儿，胡扯神侃，花样跌出，尽量拖延时间。

　　当然，你可以参照一下前一章的招数。与他划拳，5局3胜制；与他敲筷子，玩棒子打老虎；与他猜字谜；不管他爱听不爱听，先讲一个"唐伯虎醉酒"的故事，再讲一个"钟馗捉不到酒鬼"的故事，最后再来一个"不识酒的仆人"的故事。

例如，"不识酒的仆人"的故事：

有个儒生爱酒如命，最怕仆人偷饮他的酒，凡识得此物是酒的仆人，一概不用。朋友为他推荐了一个仆人，一点儿不识酒，就留用了。一天，他出门前嘱咐仆人，墙上挂着一只火腿，院子里养着一只肥鸡，小心看守；这一瓶子是白砒霜，那一瓶是红砒霜，万万不可吃，吃下去要送命的。

儒生走后，仆人杀鸡煮腿，将两瓶酒全喝光。儒生回家，见仆人醉倒在地，气得用脚踢醒他。仆人哭诉说："主人走后，来了一只大猫把火腿叼走了，又来了一只狗，把鸡追到别处去了。小人痛不欲生，想起主人讲的红砒霜、白砒霜喝了能死，就全喝下在此等死。"主人听了只好干瞪眼。

如此扯半天，喝酒的速度就慢了，你也不易醉了。

2、转移目标

有时候，我们很难逃脱掉喝酒的命运，但切要记住，一旦成为对方"攻击"的目标时，要扭转对方的思路，向他介绍更引诱他的新目标，把他的注意力引开。这要随机应变，把全桌宴友的诸类情况，如各人的年龄、身份、职务、籍贯、爱好、经历等因素都要娴熟于心，对初次见面的朋友也要尽快摸清情况。

比如对方攻上来说："我们三两对三两干一杯。"你可以顺着话题说："你想找三两水平的？我是假的，啤酒三两还可以。这位陈先生是真正的白酒八两，来来，陈先生，你的对手来敬酒了。"目光、手势一引，把新目标提供给对方，你自己就解脱了。

3、一定要有预备队

打仗要有预备队，酒场上也如此。到关键时刻，派这部分兵力上去，将占据酒桌上的优势。

有位经理深谙此道，遇有重要的公关宴请，总要带着胖墩墩、一脸忠厚相的陈秘书。入席后，经理笑谑调侃自己的助手："他老婆管得严，从不敢吃酒，闻出味道要跪床头的。"

陈秘书则嗫嗫嚅嚅地争辩，预备队就巧妙地埋伏下来了。

等到酒宴过半，经理已觉微醺，对方偏偏酒兴还浓，连连攻过来，这时预备队就亮相了。陈秘书以逸待劳，你喝时，我歇着；你闹酒，我吃菜。待其气衰而击之，生力军对疲劳师，预备队肯定打胜仗。

4、"浑水摸鱼"之道

与人拼酒，尽量多斗语言技巧，制造混乱，"冬瓜牵到豆棚上，狼腿拉到驴腿上"。搞乱对方的判断力，以快速的动作，乱中换酒、乱中洒酒；分散对方的注意力，酒看似入口，其实流到别的地方去了。"做功"到家，浑水摸鱼才会奏效。不过，把酒倒掉实在可惜，但是，两害相衡取其小，这个道理大家都明白。

春秋时，齐桓公有一次宴请大臣，定下时间为"日中"时分。管仲迟到，齐桓公要罚他酒。管仲喝掉一半，倒掉一半。

齐桓公很不高兴，说："你既迟到又倒掉酒，太没道理了。"管仲答道："臣听说酒喝多了舌头就要多动，舌头多动就要失言，失言就会惹祸。臣权衡两者，还是倒酒为上策，不敢惹祸。"

5、自我控制是关键

防线被冲垮，根由在自身。

我有个朋友，每次刚上酒场时总是怯酒、拒酒："身体不好，不敢饮。"不一会儿，经不住别人热情相劝，就答应："好，来一杯。"随着气氛升温，场面闹哄，他情绪失控，一杯连一杯干开了，最后酩酊大醉。醒来后他又后悔不迭，发誓不再饮酒了。可笑的是他记性一点儿不好，下一次又是如此来一番循环。

情绪虽然同外部环境的刺激有关系，但控制力是掌握在自己手里的。把握住自己，你有千条计，我有老主意，劝将法、激将法，不管什么法，我就是不上你的当。

6、多吃点儿糖醋萝卜丝

俗语说：吃酒不吃菜，必然醉得快。吃菜也有学问，喝酒时要多吃糖醋萝卜丝。

东道主关照厨师，把洗净的萝卜切成细丝，多加点儿醋和糖凉拌。喝酒之后就吃点儿萝卜丝，让胃内起点化学反应，醋与酒精一混合，生成乙酸乙酯和水，酒精作用顿时消减不少。萝卜也有解酒作用。

当然，喝酒之时多饮点儿白开水也能起到一些解酒的效果。

7、馒头、豆腐不可少

今日宴请事关重大——求朋友办事。主人是"求方"，客人是"助方"，酒要"助方"喝得兴致勃发，事情才能办利索。愁的是这位朋友是海量人物，主人一方没有一个是对手。怎么办？不打无准备之仗，来一个馒头、豆腐吸附分解法。喝酒前尽量多吃几个馒头，多吃几碗老豆腐——防守要靠智谋，要巧取，不能蛮干硬拼。

白酒流入胃中，马上被吸附力强的馒头吸住了，随后慢慢流渗开来，又碰到豆腐。豆腐中有一种重要的氨基酸叫半胱氨酸，它能迅速分解酒精。

这叫肚里有货，心中不慌，酒战逞强，挫败海量。

8、无奈的关闸法

在酒桌上喝得实在吃不消的情况，又碰到攻势凌厉的对方盯上了你："劝君一杯君莫辞，劝君两杯添情谊，劝君三杯见个底。"吃不消了，赶快"关闸"，挡住这股潮水。

你先要僵持一番，随后可以这样说："我确实已经喝到量了，本来这一杯酒想留到最后，大家一齐碰杯，掀个高潮。这样吧，既然王经理一定要我陪他先喝掉，我就提早完成这最后一杯了。大家同意吧？"

老是僵持着总不是个事，大家的心理状态都希望快点儿打破僵局，就会支持你"关闸"。一旦取得众人的明确认可，你喝了这杯酒，虽被对方攻下了，但是总的防守任务就完成了。

9、不妨来个假醉

被人逼酒是一件很头痛的事情。饭局过程中，看样子对方后面还大有攻势浪潮，你实在抵挡不住了，能装醉蒙混过关也是一策。

一喝酒脸便通红的人，最占便宜。有人苦于脸不红而已醉，像李白要到"看朱成碧颜始红"，吃醉了，红颜色看成了绿颜色，他的脸才会红。

喝酒脸不红的朋友，怎么装醉？醉的形象有胡言乱语，身瘫如泥，你就照此去做；可以头枕宴友肩，嘱咐他搀扶你到隔壁房中去休息；走不掉的话，你可以"冷"一回，"热"一回，说一回，唱一回，跳一回，舞一回，哭一回，笑一回。只要装得像，便能瞒天过海。

10、实话实说求谅解

端酒杯之前打个招呼，说本人只有多少酒量。这样把信息先传递过去，叫对方不要乱攻。

有个晋朝人陶侃，饮酒自定限量。有时，他与朋友们聚饮正喝到兴头上，限量已经到了，立即停杯不饮。

朋友们劝他再来点儿，他思量了一下说："我年轻时曾经吃醉酒，导致了言行过失。老父亲过世前有遗嘱，规定我只能吃这点儿酒。"朋友们闻此言，就不再硬逼了。

人都是会思考分析的，这是真话还是假意，看得出来的。防守者要学学陶侃，开宴之初，就热情坦诚地来个广而告之："各位，我是喜欢实打实的，本人最多喝二两酒，小李小王只能喝一两酒，老张三两酒应该没问题，你陪客人多喝点儿。"真诚的信息传递过去了，对方一般是听者有心，到限量时就不会硬劝硬逼了。

11、向多数人看齐

当自己实在没有酒量时，一定要想办法多拖几个人下水。如果在对方攻上来，你身孤力单难以防守，赶快依据对方攻过来的理由，尽可能多地找出几个同盟军。

对方的理由是"老乡见老乡，干杯情谊长"，那么你马上接口说："在座的老刘、老陈都是老乡，你总不能只敬我一个，把这几位老乡撂到一边吧？来来，老乡一起来。"

言之有理，对方只得接受。同盟军一组成，力量就大了，众口烁烁，反建议、新要求直冒出来，既热闹出气氛，又能把攻方抵挡住。

12、电话逃席法

三十六计走为上，酒战中，聪明人善攻善守还善逃。满桌都是豪饮客，且伶牙俐齿不饶人，三瓶白酒喝光又开第四瓶，再奉陪下去自己要醉卧桌子下面了，赶快寻机避退，此乃最佳策略。

怎么个逃法？推杯起身，拔脚而窜，这是明逃，但逃不掉的。

杜甫曾叹道："无计回船下，空愁避酒难。"假如唐朝已有手机，杜甫腰上别一只，"滴滴滴"直叫，他会说："哎哟，家里不知道有什么事情，我接个电话就来。"下船逃之大吉。

现在每个人都有手机更是方便，你可以提前安排好人，在某个时候给你打电话，这样就能机智撤退了。切记，逃席之前不能暴露意图，要麻痹对方。

13、吃点儿奶油蛋糕

喝酒之前莫空腹，这是医生的忠告。宋朝的梅尧臣诗曰"空肠易醉忽酩酊，倒头梦到上帝前"，很有道理。

我有位朋友平时喝个三两白酒绝无问题，这天他坐上晚宴不一会儿，双颊泛红，竟醉倒了。后来晓得那天他事务缠身，午餐仅吃了几块饼干充饥，饥肠辘辘时饮下白酒造成此后果。

我提醒他说："你应该抽空开个小差，先填几块奶油蛋糕下去，使胃壁肠涂上一层油脂保护层。酒味唇颊留，酒精穿肠过，即使有吸收，也能打折扣。"朋友顿时省悟，还怪我不早说。

14、"疾病断酒"法

以自己身体健康为由，滴酒不沾。这种防守法最绝了，一上来就坚决堵死劝酒者。

有位厂长每逢要陪客户吃饭，就端着自己的茶杯上席，声明："我不会喝酒，一喝就天旋地转。"话语真诚，无人怀疑，因为茶杯就是他的"免战金牌"。

　　有的人会从口袋中取出"病情诊断书"，"严重胃溃疡""肝
肿三指"，都是"免战金牌"。客人原来想攻一攻，一看铁门锁
死，就打消念头了。这块"免战金牌"灵不灵，关键在于他自己向
大家展示的第一印象成功不成功。

/ 下篇 /

与酒共舞传情意

第一章　节庆酒：同贺佳节，开怀畅饮

☆ 新年祝辞 ☆

[**主题**] 节庆的祝福

[**背景**] 元旦来临，为了庆祝新的一年到来，全班同学聚在一起同贺

[**地点**] 校园礼堂

[**人物**] 班主任、全班同学 34 人

[**祝辞人**] 班主任

[**时机**] 开场

[**风格**] 心情激动，诗情画意赞新年

同学们：

这清新嘹亮的钟声，带着新年的祝福，带着新年的企盼，带着欢快的悠扬，带着希冀的昂然，响起在我们身边。

这是来自春天的钟声，使生命的欣喜告别沉寂的冬眠，梦中期待着的芬芳与温暖；这钟声是对夏天的呼唤，旺盛的花期，晶莹的绿叶，鲜活的花瓣，走向成功的季节，拉开心灵厚重的帷幔；这钟声，是讴歌秋天的诗篇，预示着在收获的季节努力拼搏，收割着丰硕的甘甜；这是冬天的心愿，纯洁的雪花，带着清寒，凝结的冰冷，回荡着震撼心灵的钟声，那是一元复始、万象更新的又一个开始。

同学们，这钟声是一年的祝福，是四季的平安，是三十六个如意，是七十二个祝愿。

让我们共同站起来，为祝福的钟声永远伴随我们，迎着春的生机，向着夏的呼唤，吟着秋的诗篇，完成冬的心愿，一年、年年，万事如愿！

☆ 中秋节祝辞 ☆

[**主题**] 中秋节到了，各界人士联谊会

[**背景**] 县政协在中秋之际邀请各界名流，同喜同贺中秋佳节

[**地点**] 招待所会议大厅

[**人物**] 侨胞侨属代表、少数民族代表等各方面人士

[**祝辞人**] 政协代表

[**时机**] 联谊晚会开场前

[**风格**] 心情舒畅，深情祝福

尊敬的各位来宾、各位朋友、各位同胞、各位同志，女士们、先生们：

"海上生明月，天涯共此时。"在这天上人间，花好月圆，金风送爽，丹桂飘香，喜庆团圆的时刻，我们很荣幸地在这里和各位港澳台同胞及亲属，还有少数民族代表、各界人士、劳动模范、部分政协委员相聚于满轮银辉之下，同庆中秋佳节。

首先，让我们向各位港澳台同胞及亲属，向来自各条战线的来宾和同志们致以节日的亲切问候，让我们今晚共赏明月，共度良宵，愿各位的身体健康，万事如意，心想事成，就像这十五的月亮一样圆满。

新月如钩，钩起无尽思念；满月如盘，象征着幸福团圆。在这万民同庆团圆美满的时刻，我们更加想念远在世界各地的同胞和亲人，我们对他们的思念，如同明月倾泻着如水的深情。无论身在何方，都追随着他们的身影，把我们一份温馨的问候，一份深深的思念，都寄托于星星和月亮，带给他们以欢乐、平安和幸福。

在这节日之际，我们感谢港澳台同胞和我县的各界人士、各族群众为全县的改革、开放、发展、振兴所做出的努力和贡献。

在此，让我们共同站起来：

为各位来宾的生活、事业、财富像这十五的月亮一样圆满；

为我们远在天涯海角的亲人们的幸福、安康；

为我们共同努力的事业不断发展进步，鼓掌！

☆ 元旦祝辞 ☆

[**主题**] 私营企业迎新年招待会

[**背景**] 在元旦来临之际，企业同仁共庆新的一年到来

[**地点**] 大酒店会议厅

[**人物**] 企业各部门负责人、各方来宾共 100 余人

[**祝辞人**] 企业副总经理祝辞

[**时机**] 开场

[**风格**] 语调高亢，深情祝福，充满希望

尊敬的各位来宾、各位朋友、各位同志：

牛奋四蹄开锦绣，虎添双翼会风云。在虎年即将到来之际，我们在这里欢聚一堂，迎新年满园春色满园锦，辞旧岁遍地鲜花遍地歌。首先，我代表企业领导班子全体成员，向各位来宾、各位朋友、各位同志，并通过你们向公司的全体员工和家属，表示新年的祝福和亲切的问候，祝大家虎年吉祥，万事如意！

"元"起于一心耿耿创大业，"旦"就是朝气勃勃奔前程。虎

年，我们的企业要像猛虎一样精神抖擞，一往无前；虎年，我们要有猛虎的气势和胆略，使企业焕发出猛虎的力量和生机。虎年元旦，催人奋进，催人攀登事业的高峰，催人以无畏的精神和热烈的情怀去建树时代的丰碑，书写人生的壮丽！我们也要不负时代的重托，继续脚踏实地，奋力拼搏，去迎接虎虎生威的新年！

最后，祝愿我们的企业如猛虎一般，合着统一的步伐，向着宏伟的目标一路长啸，一路挥洒，一路奔驰，一路顺风，虎年添虎威。再祝大家的身体健康！

☆ 父亲节祝辞 ☆

[主题] 举家同庆父亲节

[背景] 在父亲节到来之际，子女家人一同给父母致以节日的祝愿

[地点] 自己家

[人物] 家人与朋友 10 余人

[祝辞人] 子女代表

[时机] 开场

[风格] 话语真诚，情谊饱满，深情祝愿

尊敬的爸爸妈妈、各位兄弟姐妹、各位来宾:

大家好! 今天是个值得纪念的日子, 是一年一度的父亲节! 我们在这里聚会, 为我们的父亲、母亲祝福, 祝爸爸妈妈幸福安康, 福寿无边!

母爱深似海, 父爱重如山。据说, 选定六月过父亲节是因为六月的阳光是一年之中最炽热的, 象征了父亲给予子女那火热的爱。父爱如山, 高大而巍峨; 父爱如天, 粗犷而深远; 父爱是深邃的、伟大的、纯洁而不求回报的。父亲像是一棵树, 总是不言不语, 却让他枝叶繁茂的坚实臂膀为树下的我们遮风挡雨、制造荫凉。不知不觉间我们已长大, 而树却渐渐老去, 甚至新发的树叶都不再充满生机。每年六月的第三个星期日是父亲的节日, 让我们由衷地说一声: 爸爸, 我们爱您!

每一个父亲节, 我们都想祝您永远保留着年轻时的激情, 年轻时的斗志! 那么, 即使您白发日渐满额, 步履日渐蹒跚, 我们也会拥有一个永远年轻的父亲!

让我们共同举杯, 为父亲、母亲的健康长寿, 干杯!

☆ 教师节祝辞 ☆

[**主题**] 教师节庆祝晚会

[**背景**] 在教师节到来之际, 全校师生一起祝福老师们节日

快乐

[**地点**] 学校礼堂

[**人物**] 全校师生

[**祝辞人**] 学生代表

[**时机**] 中场

[**风格**] 话语真诚，情谊饱满，祝辞新颖

尊敬的各位老师、各位同学：

园内桃李年年艳，校中栋梁节节高。在教师节来临之际，为了表达我们对老师的感激之情，我把电影名串连起来献给尊敬的各位老师。

您，《普通人家》的《黄花姑娘》，《十六岁花季》就从《小小得月楼》进《女子师范》，实现了当《人民教师》的愿望。

《十九年华》，你手捧《毕业证书》离开了《故乡》，《别了亲人》，怀着《火热的心》走上了《育人之路》，工作在《远方的课堂》。

您《忠诚》党的教育事业。白天，手执《金色教鞭》，给《红孩子》《放荡的孩子》授课、补课；晚上，您在《红烛》下，探索《宝贝》《心灵深处》的秘密，您像《春蚕》那样《奉献》。在《改革大潮》中，您《两袖清风》不当《儒商》，胸中有《人类五千年》的文明，眼中有《宇宇》的星光，身边有《蓓蕾》怒放。

您在《希望的田野》上播种，您使《苗苗》健康《成长》，有的成为《创业》者，有的在《大潮汐》中走上《小街》，成为《端

盘子的姑娘》，用《泉水叮咚》般的音符唱起《青春之歌》，使《龙的传人》开创《千秋大业》。《岁月如流》，愿您继续《扬帆》，《把美播向明天》。

我们深深地《祝福》您：《春催桃李》铸《未来》，《朝霞异彩》《艳阳天》！

让我们全体起立，为感谢老师"沥血呕心赢来满园春色，精工巧艺育出一代英才"，给您鞠躬！

☆ 三八妇女节祝辞 ☆

[**主题**] 庆祝三八妇女节

[**背景**] 社会各界共同庆祝三八妇女节，市里组织了大规模的颁奖仪式

[**地点**] 某会议大厅

[**人物**] 市领导、巾帼模范、妇女代表

[**祝辞人**] 市领导

[**时机**] 开场

[**风格**] 自豪激动，热情振奋

尊敬的各位领导、各位来宾、姐妹们、同志们：

今天，市领导和我市的"三八红旗手"，巾帼建功模范和先进

妇女代表在节日到来之时，欢聚一堂，共同庆祝三八国际妇女节。首先，让我们向各位先进妇女代表，向巾帼建功模范和"三八红旗手"，向各界妇女姐妹们表示节日的祝贺！

姐妹们，我们唱着"向前进"的歌声，欢度自己的节日。我们可以自豪地说，不仅巾帼英雄、"三八红旗手"是我们的光荣，而且男士在事业上的成功也是我们的光荣。因为每一个成功的男人背后，必然有一位伟大的女性。

因为我们懂得，青春属于光阴，容貌属于父母，只有百折不挠的意志、锲而不舍的精神属于自己；因为我们知道，女人不是月亮，你们有自己的闪光点，有自己的追求；正是因为你们以自己的奋斗和骄人的业绩，向世人展示了自己的开朗、热情、自信、坚毅，在创业中找到了自己的位置，在拼搏中实现了自己的价值，在进取中塑造了自身的形象。

同时你们又是人妻人母，用柔弱的肩膀，在扛起事业的同时又要扛起家庭的重任，要付出比男人多一倍的代价，每得到一分，就要耗费几分的艰辛。

姐妹们，我们要更加投入地做个潇洒的、自信的女人，以自爱的深刻，情爱的丰富，母爱的无私，博爱的平和，去扎自己的根，开自己的花，去收获、去创造新的辉煌！

现在，让我们以热烈的掌声，祝贺三八妇女节的到来，祝福每一位女同志健康、幸福、快乐！

☆ 电力行业新年总结会祝辞 ☆

[**主题**] 庆新年

[**背景**] 新年将至，公司上下齐贺美好新年

[**地点**] 会议大厅

[**人物**] 公司领导、职工

[**祝辞人**] 公司领导

[**时机**] 开场

[**风格**] 心情激动，感怀过去，憧憬未来

同志们、朋友们：

今晚，我们欢聚在风景秀丽、幽静怡人的东方花园，共度迎接新年这一美好时刻。此时，抚今追昔，我们感慨万千；展望前程，我们心潮澎湃。

即将过去的一年，是电力行业实施改革与发展战略承上启下的一年；是全局职工迎接挑战、经受考验、努力克服困难、出色完成全年任务的一年。

回顾过去的一年，我们在争创一流、电网改造中取得了突破性进展；电费回收、增供扩销呈现出近年最好势头，我局售电量实现30亿元这一历史性突破已成定局；我们在多经改制、体制改革中成

绩斐然，体制创新走在省直属供电企业的前列；我局的双文明建设所取得的突破和收获，得到了省公司主管部门的高度赞扬和充分肯定。

以上这些累累硕果，都与全体干部职工所付出的艰辛和努力密不可分，与我们顽强拼搏、开拓创新、无私奉献的敬业精神密切相关。

在此，我代表局领导班子全体成员，向为我局建设和发展做出贡献的全体干部、职工以及你们的家属，表示亲切的问候和衷心的感谢！

同志们，新的一年即将来临，我们在分享胜利喜悦的同时，还要清醒地认识到：新的一年，电力企业将面对更广泛的机遇和更严峻的挑战。我们必须抓住新机遇，迎接新挑战，以高度的使命感和责任感来推进我局的改革和发展，承担起历史赋予我们的神圣使命，服务好广大群众和各大企业。

朋友们，再过二十几个小时，和着新年的钟声，我们将携手跨入崭新的一年。我坚信，有省公司党组的正确领导，有全局广大干部职工的众志成城，我们的目标一定会实现，我们的企业一定会不断发展壮大，我们电业局一定能铸就新的、更加壮美的辉煌。

最后，祝愿各位新年快乐，身体健康，家庭幸福！

☆ 工商系统新年祝辞 ☆

[**主题**] 迎春茶话会

[**背景**] 工商系统祝贺新的一年到来，回忆过去展望未来

[**地点**] 会议大厅

[**人物**] 单位领导、职工、各界代表

[**祝辞人**] 局领导

[**时机**] 开场

[**风格**] 总结经验，盼新年再创佳绩

尊敬的各位领导、各位来宾、同志们：

首先对参加今天迎春茶话会的各级领导、各位嘉宾表示热烈的欢迎和衷心的感谢！对在座的各位干部职工家属，并通过你们向所有为工商事业做出牺牲、奉献的干部职工家属，表示亲切的问候和崇高的敬意！

过去的一年，在各级领导和全体干部职工、家属的支持、努力下，我们坚持立党为公、执法为民、人民为本、发展为纲，锐意改革创新，勇于破解难题，以特别能战斗、特别能奉献的精神风貌，打造了响亮的工商品牌，塑造了勇往直前的红盾团队精神，得到了各级党委、政府的充分肯定，受到各界群众的好评。

　　风尘仆仆的人生脚步已将过去的一年淡出现实的地平线，给我们留下了经验与教训共存、欢乐和伤感同在的人生阅历和岁月记忆。站在新年旧岁交替的门槛，我们感慨万千。

　　今天，大家坐在一起其实是难得的缘分。人生的道路山高水长，在共同为工商事业奋斗的过程中，只要我们按常规做人、超常规做事，以人为本，以公正的机制、和睦的氛围、包容的心境，营造良好的人际关系，就会提高工作效能，共同构建和谐社会。

　　一年之际在于春，新春即将来临，让我们在省局和市委、市政府的领导下，珍惜眼前的幸福，把握现实的机遇，锁定未来的目标，坚定信念，众志成城，努力创造新的辉煌，我们的明天一定更美好。

　　最后，祝愿所有的朋友新年快乐，祝愿今天的精彩和明天的辉煌！

第二章　婚宴酒：良缘天赐，百年好合

☆ 证婚人祝辞 ☆

[**主题**] 婚宴酒

[**背景**] 一对新人喜结良缘，众位亲朋好友一同祝贺

[**地点**] 某婚宴酒楼

[**人物**] 新人的亲朋好友

[**祝辞人**] 证婚人

[**时机**] 开场

[**风格**] 庄重严肃，恭喜祝贺

各位来宾：

今天，我受新郎、新娘的重托，担任李先生与江小姐结婚的证

婚人，为此，我感到十分荣幸。在这神圣而又庄严的婚礼仪式上，能为这对珠联璧合、佳偶天成的新人作证婚辞是万分的荣幸，也是难得的机遇。

新郎李先生现在××单位，从事××工作，担任××职务，今年26岁。新郎不仅英俊潇洒，而且心地善良、才华出众。

新娘江小姐现在××单位，从事××工作，担任××职务，今年24岁。新娘不仅长得漂亮大方，而且温柔体贴、成熟懂事。

古人常说：心有灵犀一点通。是情是缘还是爱，在冥冥之中早已注定，今生的缘分使他们走到一起，踏上婚姻的红地毯，从此美满地生活在一起。上天不仅让这对新人相亲相爱，而且还会让他们的孩子永远幸福下去。

此时此刻，新郎、新娘结为恩爱夫妻，从今天开始，无论是贫富、疾病、环境恶劣、生死存亡，你们都要一生一心一意、忠贞不渝地爱护对方，在人生的旅程中永远心心相印、白头偕老、美满幸福。

请大家欢饮美酒，祝新人钟爱一生，同心永结。谢谢大家！

☆ 介绍人祝辞 ☆

[主题] 婚宴酒

[背景] 一对新人喜结良缘，众位亲朋好友一同祝贺

[地点] 某婚宴酒楼

[人物] 新人的亲朋好友

[祝辞人] 介绍人

[时机] 开场

[风格] 庄重严肃，恭喜祝贺

新郎、新娘、证婚人、主婚人、各位来宾：

大家好！

今天是×××先生和×××小姐缔结良缘、百年好合的大喜日子。

作为他们的介绍人参加这个新婚典礼，我感到非常荣幸。同时，我也感到惭愧，因为我这个介绍人只做了一分钟的介绍工作，就是介绍他们认识，其余的通信、约会、花前月下的卿卿我我等等，都是他们自己完成的。

这也难怪，你们看新娘这么端庄秀丽，新郎这么英俊潇洒，又有才干，确实是郎才女貌，天作之合。

让我们衷心祝福这一对新人情切切、意绵绵，白头偕老，永浴爱河。

☆ 新郎父母祝辞 ☆

[**主题**] 婚宴酒

[**背景**] 一对新人喜结良缘，众位亲朋好友一同祝贺

[**地点**] 某婚宴酒楼

[**人物**] 新人的亲朋好友

[**祝辞人**] 新郎的父母

[**时机**] 开场

[**风格**] 情深意长，恭喜祝贺

两位亲家、尊敬的各位来宾：

大家好！

今天，我的儿子与××女士在你们的见证和祝福中幸福地结为夫妻，我和太太无比激动。作为新郎的父亲，我首先代表新郎、新娘及其我们全家向大家百忙之中赶来参加他们的结婚典礼表示衷心的感谢和热烈的欢迎！

感谢两位亲家……

缘分使我的儿子与××女士相识、相知、相爱，到今天成为夫妻。从今以后，希望他们能互敬、互爱、互谅、互助，用自己的聪明才智和勤劳的双手创造自己美好的未来。

祝愿二位新人白头到老，恩爱一生，在事业上更上一个台阶，同时也希望大家在这里吃好、喝好！

最后，我代表全家人，祝大家身体健康、合家幸福！

☆ 新娘父母祝辞 ☆

[**主题**] 婚宴酒

[**背景**] 一对新人喜结良缘，众位亲朋好友一同祝贺

[**地点**] 某婚宴酒楼

[**人物**] 新人的亲朋好友

[**祝辞人**] 新娘的父母

[**时机**] 开场

[**风格**] 情深意长，恭喜祝贺

各位来宾、各位至亲好友：

今天，是我们 × 家的女儿与 × 家之子举行结婚典礼的喜庆日子，我对各位嘉宾的光临表示热烈的欢迎和真诚的感谢！

今天，是一个不寻常的日子，因为在我们的祝福中，又组成一个新的家庭。

在这喜庆的日子里，我希望两位年轻人，凭仁爱、善良、纯正之心，用勤劳、勇敢、智慧之手去营造温馨的家园，修筑避风的

港湾，创造灿若朝霞的幸福明天。

在这喜庆的日子里，我万分感谢从四面八方赶来参加婚礼的各位亲朋好友，在十几年、几十年的岁月中，你们曾经关心、支持、帮助过我的工作和生活，你们是我最尊重和铭记的人。此时，我也希望你们在以后的岁月里关照、爱护、提携两个孩子，我拜托大家，向大家鞠躬！

我们更感谢主持人的幽默，口吐莲花的主持人，使今天的结婚盛典更加隆重、热烈、温馨、祥和。

让我再一次谢谢大家。

☆ 新娘父亲祝辞 ☆

[主题] 婚宴酒

[背景] 一对新人喜结良缘，众位亲朋好友一同祝贺

[地点] 某婚宴酒楼

[人物] 新人的亲朋好友

[祝辞人] 新娘的父亲

[时机] 中场

[风格] 美好祝愿，情深意长

尊敬的各位来宾，女士们、先生们：

大家中午好！我作为新娘的父亲，谨代表新娘的母亲向出席这个美好婚礼仪式的各位嘉宾表示感谢。

今天，是我一生中最为幸福的一天。28 年前，我从月亮老人的手中牵回一名如花似玉的少女，第二年，我和这名少女有了我们一生最骄傲、最得意的作品——我们的宝贝××。

从那年起，我的幸福如日璀璨、如松长青，她来到这个世界上第一声如歌声般的啼哭，使我懂得了生命的意义和爱的责任，从此，她成为我的掌上明珠。现在，我要把我的掌上明珠捧给我女儿最挚爱的好男孩，希望他像我一样一生一世爱着她。

回想女儿的成长历程，无论生活多么艰难，只要看见她那稚嫩可人的笑脸，我的心里就会升起灿烂的阳光，一切忧愁和疲惫都会烟消云散。

我要特别向女儿说声谢谢，是她给我和她妈妈在最艰难的岁月里带来无尽的快乐欢笑。也谢谢女儿的公婆把一个优秀男孩带到这个世界上，我的女儿今天才拥有了一位如意夫君和最好的归宿，从而走入幸福婚姻，我和夫人也拥有了一位好儿子。

当这一时刻来临的时候，亲爱的孩子们，请接受父母一生中最美好的祝愿。

孩提时代的女儿，是那么的聪颖、健康、可爱，很多儿时的优点都被她带入了成年时代。在她的成长过程中，她用非凡的智慧取得了成就，让我感到我是个多么值得骄傲的父亲。

而更重要的是，她学会了爱。今天当我要亲手送走她时，我把一位父亲心底的失落变成快乐，因为我发现女儿从来没有像今天这么快乐。当她挽起一个好男人的手臂，是多么优雅迷人。

当我第一次见到女婿，直觉告诉我，他是个好男人，决不会辜负女儿的纯真之爱。既然仁慈的上帝赐予你天下最美丽的新娘，相信你会善待我女儿一生，那就好好珍爱她直到永远！

世界上最美丽的情感，就是把自己的一生交给一个至深爱恋的人。因为一个男孩子的来临，使我女儿找到了自己生命的价值，每当看到爱情带给她欢乐、自信时，我也由衷地喜欢他，我深信他是世界上最合适我女儿的人。

感谢命运将男孩子送到女儿身边，感谢今天所有的来宾，你们的出席使婚礼更加精彩。我希望在座的嘉宾分享新人喜悦的同时，接受我和夫人献上的美好祝福，接受我们的感激之情。

此时此刻，让我满含着幸福、激动的泪水，伸手摘下朵朵吉祥的白云之花，捧给这一对幸福的新人；让我们举起蓝天、举起星月，把父母的美好祝福送给这一对可爱的孩子。在这幸福时刻，我祝你们白头到老、恩爱永远，下辈子我还做你们的父亲。

女士们，先生们，现在我请大家和我一起举杯，把我们共同的祝福送给新娘和新郎，也祝你们永远幸福！

谢谢大家！

☆ 新人长辈祝辞 ☆

[**主题**] 婚宴酒

[**背景**] 一对新人喜结良缘，众位亲朋好友一同祝贺

[**地点**] 某婚宴酒楼

[**人物**] 新人的亲朋好友

[**祝辞人**] 新人的长辈

[**时机**] 开场

[**风格**] 美好祝愿，恭喜祝贺

各位来宾、各位亲朋好友：

今天是两位新人的大喜之日，作为新娘的大姨，我代表在座的各位亲朋好友向新娘、新郎表示衷心的祝福，同时受新娘、新郎的委托向各位来宾表示热烈的欢迎。

在人生最喜庆的时刻，我衷心祝福你们小夫妻俩能够互相信任、互相扶持。在这个令人羡慕的日子里，你们最是开心，因为所有的亲友都在为你们的新婚祝福，你们也将永远幸福、快乐地生活在一起。

王子和公主结婚之后要面对很多的现实问题，生活不是童话，希望你们能够有个心理准备。同时，也希望你们能够在今后的生活

中相互谅解、相互宽容，把生活过得像童话一样美好。

最后，我提议，为了两位新人的富足生活，为了双方父母的身体安康，也为在座诸位嘉宾的有缘相聚，干杯！

☆ 新郎单位领导祝辞 ☆

[**主题**] 婚宴酒

[**背景**] 一对新人喜结良缘，众位亲朋好友一同祝贺

[**地点**] 某婚宴酒楼

[**人物**] 新人的亲朋好友

[**祝辞人**] 新郎单位领导

[**时机**] 开场

[**风格**] 美好祝愿，创造美好新生活

各位来宾、朋友们：

你们好！×先生是我××单位的业务主干，×女士温柔贤惠，今天是你们大喜的日子，我代表本单位的全体员工衷心地祝福你们：新婚幸福、美满！

愿你俩百年恩爱双心结，千里姻缘一线牵；

海枯石烂同心永结，地阔天高比翼齐飞；

相亲相爱幸福永，同德同心幸福长！

为你们祝福，为你们欢笑，因为在今天，我的内心也跟你们一样快乐！祝你们，百年好合，白头到老！

☆ 新郎祝辞 ☆

[**主题**] 婚宴酒

[**背景**] 一对新人喜结良缘，众位亲朋好友一同祝贺

[**地点**] 某婚宴酒楼

[**人物**] 新人的亲朋好友

[**祝辞人**] 新郎

[**时机**] 开场

[**风格**] 感恩之情，感谢之意，尽在幸福中

各位领导，各位亲朋好友：

大家好！

人生能有几次最难忘、最幸福的时刻，今天我才真正从内心里感到无比激动、无比幸福，更无比难忘。

今天，我和××女士结婚，我们的长辈、亲戚、知心朋友和领导在百忙之中远道而来参加我们的婚礼庆典，给今天的婚礼带来了欢乐，带来了喜悦，带来了真诚的祝福。

借此机会，让我们真诚地感谢父母把我们养育成人，感谢领导

的关心，感谢朋友们的祝福。

我还要深深感谢我的岳父岳母，您二老把你们手上唯一的一颗掌上明珠托付给我，谢谢你们的信任，我也绝对不会辜负你们的。我要说，我可能这辈子也无法让您的女儿成为世界上最富有的女人，但我会用我的生命保证，要让她成为世界上最幸福的女人。

有专家说，现在世界上男性人口超过三十亿，而我竟然有幸得到了这三十亿分之一的机会成为××女士的丈夫。三十亿分之一的机会，相当于一个人中500万元的彩票连中一个月，但我觉得今生能和××女士在一起，是多少个500万元都无法比拟的！

最后，祝各位万事如意、合家幸福。请大家共同举杯，与我们一起分享这幸福快乐的时刻。

谢谢大家！

☆ 伴郎祝辞 ☆

[主题] 婚宴酒

[背景] 一对新人喜结良缘，众位亲朋好友一同祝贺

[地点] 某婚宴酒楼

[人物] 新人的亲朋好友

[祝辞人] 伴郎

[时机] 中场

[风格] 美好祝愿，风趣自然

尊敬的各位来宾、朋友们：

大家好！

今天作为伴郎，我感到十分荣幸。

我与新郎同窗四载，岁月的年轮记载着我们许多美好的回忆。曾经在上课时以笔为语、以纸为言，谈论着我们感兴趣的话题；曾经在宿舍内把酒问天，挥斥方遒；曾经"逃课"去吃饭、溜出去玩一会儿，回来时在老师严肃的目光下相视一笑，正襟危坐。可无论我们怎样的"不努力"，每次考试都名列前茅。

有一次我和他闲聊，他说如果谈恋爱一定会去追小薇。如今，他成功了，终于如愿以偿地娶到了美丽而柔婉的小薇，我和全班的所有同学为他感到自豪和由衷的高兴。

"名花已然袖中藏，满城春光无颜色。"

结婚是幸福、责任和一种更深的爱的开始，请你们将这份幸福和爱好好地延续下去，直到天涯海角、海枯石烂，直到白发苍苍、牙齿掉光！

今晚，璀璨的灯光将为你们作证；今晚，羞涩地躲在云朵后的那位月老将为你们作证；今晚，在座的200位捧着一颗真诚祝福之心的亲朋好友将为你们共同作证。

最后，让我们共同举杯，祝愿这对佳人白头偕老，永结同心！

谢谢！

☆ 伴娘祝辞 ☆

[**主题**] 婚宴酒

[**背景**] 一对新人喜结良缘，众位亲朋好友一同祝贺

[**地点**] 某婚宴酒楼

[**人物**] 新人的亲朋好友

[**祝辞人**] 伴娘

[**时机**] 中场

[**风格**] 美好祝愿，情真意切

尊敬的各位来宾、朋友们：

大家好！

小薇以其美丽与品德在同学和朋友中深受欢迎，今天，她终于将自己今生信托之手交给了与她相知相爱的人。

我与小薇是大学同学，四年的相处让我们成为无话不谈的挚友。当我知道自己将要作为小薇的伴娘时，心中的喜悦不言而喻，今天在这里向你们二位表达我的祝福。

祝愿你们永结同心，执手白头；

祝愿你们的爱情如莲子般坚贞，可逾千年万载不变；

祝愿你们在未来的岁月里甘苦与共，笑对人生；

祝愿你们婚后能互爱互敬、互怜互谅，岁月愈久，感情愈深；
祝愿你们的未来生活多姿多彩，儿女聪颖美丽，永远幸福！

☆ 来宾代表祝辞 ☆

[**主题**] 婚宴酒

[**背景**] 一对新人喜结良缘，众位亲朋好友一同祝贺

[**地点**] 某婚宴酒楼

[**人物**] 新人的亲朋好友

[**祝辞人**] 来宾代表

[**时机**] 中场

[**风格**] 美好祝愿，欣喜有佳

女士们、先生们、朋友们：

大家好！

今天是好朋友小薇的大喜日子，小弟得以参加宴会，万分荣幸。在此，我谨向他们表示温馨的恭贺和美好的祝愿，向养育他们成长、成才的双方父母、亲眷和前来贺喜的各位来宾、好友表示真挚的谢意与问候！

二位新人可谓郎才女貌，佳偶天成。

十年修得同船渡，百年修得共枕眠。无数的偶然堆积而成的必

然，怎能不是三生石上精心镌刻的结果呢？用真心呵护这份缘吧！

我希望你们互助互谅，共同努力，创造美满幸福的家庭。

我祝愿新郎、新娘健康快乐，鸾凤和鸣，白头偕老。

☆ 朋友婚礼祝辞 ☆

[**主题**] 婚宴酒

[**背景**] 一对新人喜结良缘，众位亲朋好友一同祝贺

[**地点**] 某婚宴酒楼

[**人物**] 新人的亲朋好友

[**祝辞人**] 新娘的朋友

[**时机**] 中场

[**风格**] 祝喜结良缘，愿朋友新婚幸福

各位嘉宾、各位亲友、女士们、先生们：

大家好！

今天，我们欢聚一堂，共庆田××先生和梁××女士喜结良缘，感到无比的荣幸和由衷的喜悦。

首先，我代表新娘母亲的娘家人，感谢田××先生的父母培养出如此优秀的女婿，感谢单位的领导和同事们对两位新人的精心栽培和谆谆教诲。

田××先生和梁××女士是同窗结合,犹如鸾凤和鸣,珠联璧合。愿你们百年好合,鸳鸯比翼,幸福美满!

希望你们在婚后的生活中,一要互相帮助,共同进步,真正做到恩恩爱爱,甜甜蜜蜜,以心换心,心心相印;二要孝敬双方父母,团结兄弟姐妹,营造温馨的家园。

最后,我以"六心"相赠:希望你们把忠心献给祖国,把孝心献给父母,把爱心献给社会,把诚心献给朋友,把痴心献给事业,把信心留给自己。

谢谢大家!

☆ 对新婚夫妻的祝辞 ☆

[**主题**] 婚宴酒

[**背景**] 一对新人喜结良缘,众位亲朋好友一同祝贺

[**地点**] 某婚宴酒楼

[**人物**] 新人的亲朋好友

[**祝辞人**] 新人的朋友

[**时机**] 开场

[**风格**] 语言诚挚,祝福绵绵

尊敬的各位女士们、先生们，各位来宾：

大家好！

秦岭起舞，紫燕喜翔黄道日；碧水欢笑，鸳鸯佳偶美景时。

今天，××先生与××女士缔结百年之好，在这春风荡漾、生机勃发、大吉大利的日子里，我们喜酒相逢，欢聚一起，共同庆贺。

各位宾友齐聚于此，可谓高朋满座，蓬荜生辉。

在此，我向两位新人表示热烈的祝贺，并向各位来宾表示衷心的感谢！

春风润万物，战鼓催征程。

今天，新人喜结连理，家庭开始远航。从此云里雾里，比翼双飞；风里浪里，共荡双桨。在这大喜的日子，新人要反哺父母养育之恩，铭记领导栽培之意，感悟幸福来之不易。

衷心地祝福你们婚后学习不断进步，工作勇创佳绩，生活相互包容，家庭和睦美满。愿你们用那岩石般坚定的旋律，浪潮般澎湃的激情，大海般深远的爱意，共同书写未来的美好诗篇！

今天，大家在这里见证这一隆重的时刻，我也祝愿在座各位，事业顺利、宏图大展，家庭幸福。

谢谢！

☆ 新郎答谢致辞 ☆

[**主题**] 婚宴酒

[**背景**] 一对新人喜结良缘，众位亲朋好友一同祝贺

[**地点**] 某婚宴酒楼

[**人物**] 新人的亲朋好友

[**祝辞人**] 新郎

[**时机**] 开场

[**风格**] 欣喜之情自然流露，感谢之意尽在心中

尊敬的各位来宾：

大家好！

今天，我特别的开心和激动，因为我终于结婚了，一时间，心中有千言万语却不知该从何说起。但我知道，这千言万语最终只能汇聚成两个字，那就是"感谢"。

首先，要感谢在座的各位朋友在这个美好的周末，特意前来为我和××女士的爱情做一个重要的见证，没有你们，也就没有这场让我和我妻子终生难忘的婚礼。

其次，还要感谢××女士的父母。我想对您二老说，您二老把你们手上唯一的一颗掌上明珠交付给我这个年轻人保管，谢谢你

们的信任，我也绝对不会辜负你们的信任。

最后，我要感谢在我身边的这位，在我看来是世界上最漂亮的女人。××谢谢你，谢谢你答应嫁给我这个初出茅庐、涉世不深的毛头小子。

但是此时此刻，我的心里对你却有一丝深深的愧疚之心，因为我一直都没有告诉你，在认识你之前和认识你之后，我还一直深深地爱着另一个女人，并且就算你我的婚姻，也无法阻挡我日夜对她的思念。

那个女人现在也来到了婚礼现场，亲爱的，她就是——我的妈妈。妈，谢谢您，谢谢您在28年前做出了一个改变了您一生的决定，您用您的靓丽青春和婀娜的身姿，把一个生命带到了这个世界，让我学知识，教我学做人，您让我体会到世界上最无私的爱。您给了我世界上最温暖的家，您告诉我做人要诚实，您告诉我家的重要。可是这个小家伙时常惹祸，惹您生气，让您为我二十几年来牵肠挂肚。

现在，我想说，妈，辛苦您了，咱家好了，儿子长大了，儿子要结婚了。您可以放心和高兴了，我很幸福，因为我遇到了这世界上两位最善良、最美丽的女人。

最后，不忘一句老话，粗茶淡饭，吃好喝好。

谢谢大家！

第三章　聚会酒：酒逢知己千杯少

☆ 中学同学聚会祝辞 ☆

[**主题**] 聚会酒

[**背景**] 中学同学 20 年后相聚，同学们坐在一起共叙往日情

[**地点**] 某大酒楼

[**人物**] 多年不见的老同学

[**祝辞人**] 老班长

[**时机**] 开场

[**风格**] 情真意切，感慨万千

各位同学：

时光飞驰，岁月如梭。毕业 20 年在此相聚，圆了我们每一个

人的同学梦。感谢发起这次聚会的同学!

回想过去,同窗四载,情同手足,一幕一幕发生过的事情,就像昨天一样清晰。

今天,让我们打开珍藏 20 年的记忆,敞开密封 20 年的心扉,尽情地说吧、聊吧,诉说 20 年的离情,畅谈当年的友情,也不妨坦白那曾经躁动在花季少男少女心中朦朦胧胧的爱情;让我们尽情地唱吧、跳吧,让时光倒流 20 年,让我们再回到中学时代,让我们每一个人都年轻 20 岁。

此时,窗外满天飞雪,屋里却暖流融融。愿我们的同学之情永远像今天大厅里的气氛一样,炽热、真诚;愿我们的同学之情永远像今天窗外的白雪一样,洁白、晶莹。

现在,让我们共同举杯:为了中学时代的情谊,为了 20 年的思念,为了今天的相聚,干杯!

☆ 大专同学聚会祝辞 ☆

[**主题**] 聚会酒

[**背景**] 同学 10 年后相聚,同学们坐在一起共叙往日情

[**地点**] 某大酒楼

[**人物**] 多年不见的老同学

[**祝辞人**] 同学代表

[**时机**] 开场

[**风格**] 情真意切，感慨万千，感怀过去

亲爱的各位同学：

有一位作家曾经说过：童年是一场梦，少年是一幅画，青年是一首诗，壮年是一部小说，中年是一篇散文，老年是一套哲学，人生各个阶段都有特殊的意境，构成整个人生多彩多姿的心路历程。友谊是人生旅途中寂寞心灵的良伴，特别是同学之间的友谊更是陈年老酒，时间越久越是醇香甘甜。

10年前，我们正是十七八岁、朝气勃勃、风华正茂的青年，在××师范度过了一生中最美好也是最难忘的岁月。转眼间，我们走过了10个春夏秋冬，今天我们的聚会实现了分手时的约定，又重聚在一起，共同回味当年的书生意气，并咀嚼10年来的酸甜苦辣。这一切真是让我感受至深。

首先是非常感动。这次同学会，想不到有这么多的同学参加，我相信同学们平时的工作都很忙，事情也很多，但此时都放下了，能够来的尽量都来了，这就说明大家彼此还没有忘记，心中依然怀着对老同学的一片深情，仍然还在相互思念和牵挂。

第二是非常高兴。我们欢聚一堂激动人心的场面，让我回想起了毕业那年我们依依不舍挥泪告别的情景，而这一别就是10年啊。确实，我们是分别得太久太久，人的一生还有多少个10年啊！今天的重聚，怎么能不叫我们高兴万分、感慨万分呢！

第三是深感欣慰。记得在师专时，我们大多都是孩子气、孩

子样，如今社会这所大学已将我们历练得更加坚强、成熟，各位同学在各自的岗位上辛勤耕耘、无私奉献，成为社会各个领域的中坚力量，这些都使我们每一位老同学深感欣慰。

同学们，无论走遍天涯海角，难忘的还是故乡；无论是从教还是经商，难忘的还是师专的老同学。我们分别了10年，才盼来了今天第一次的聚会，这对我们全体同学来讲是多么具有历史意义的一次盛会啊！我们应该珍惜这次相聚，就让我们利用这次机会在一起好好聊一聊、乐一乐吧，让我们叙旧话新，谈谈过去、现在和未来，谈谈工作、事业和家庭。如果每个人都能从自己、从别人的10年经历中得到一些感悟和一些收获，那么，我们的这次同学会就是一个圆满成功的聚会！愿同学会的成功举办能更加加深我们之间的同学情意，使我们互相扶持、互相鼓励，把自己今后的人生之路走得更加辉煌、更加美好！

俗话说：一辈子同学，三辈子亲。同学友谊就是这割不断的情，也是分不开的缘。同学们的这次相聚，相信将永远定格在我们每个人的人生记忆里！聚会虽然是短暂的，但只要我们的心不老，青春、友情就会像钻石一样永恒……

从今天起，只要我们经常联系，心与心就不再分离，每个人的一生都不会再孤寂。就让我们像珍爱健康、呵护生命一样，来珍惜我们的同学友情吧！

同学们，遗憾的是有些同学因特殊情况未能参加今天的聚会，希望我们的祝福能跨越时空的阻隔传到他们身边。让我们再一次祝愿全体同学家庭幸福、事业发达、身体安康！

亲爱的同学们，为我们天长地久的友谊，为我们下一次的再次相聚，干杯！

谢谢大家！

☆ 大学同学聚会祝辞 ☆

[**主题**] 聚会酒

[**背景**] 同学相聚，同学们坐在一起共叙往日情

[**地点**] 某大酒楼

[**人物**] 多年不见的老同学

[**祝辞人**] 同学代表

[**时机**] 开场

[**风格**] 真情流露，怀念过去

同学们：

大家好！

作为88届机电二班同学中年纪最小的我，今天也40岁了。古人说：四十不惑。我现在已经开始品出生命的滋味。

如果一个甲子60年是生命的一个完整周期，那我已走过了人生的大半，无论在人生的顶峰还是在无奈的低谷，三分天注定，七分靠打拼，始终是我40年人生的真实写照，未来20年的人生旅

程正在眼前展开。天地万物的奔来与逝去不因我的喜怨延缓停留，人世流转的法则不为我的茫然无措而更改，能和在座优秀的你们作为同学，是我的造化和福分。

能在今天和同学们相聚，我很高兴。同学情，是一世情，是一种最纯洁、最高尚、最朴素、最平凡的感情，也是最浪漫、最动人、最坚实和最永恒的情感。一个人的最初成长过程都在学校里完成，离不开这同学的友情，那段模糊而清晰的记忆，终身难忘。

我认为，现代人的一生可能会缺少别的东西，但绝不可能没有同学的友情；同学的友情无处不在，她伴随在你左右，萦绕在你身边，和你我共度一生。

我在多个系统工作过，认识和打交道的人成千上万，却都不如同学之间如此深情、如此忘怀。同学情——没有名利的杂质、没有物欲的浊流、没有虚伪和做作，共同走过的那一段难忘的黄金岁月，让人追忆。

同学之情，是一种最美好的、不可或缺的、值得终生回味的感情……因为，同学的友情是在人一生中最纯洁的时候建立起来的，这种不夹杂任何功利的友情是真正不会褪色的。

现今，我们已不再青春年少，尽管自我还感觉年轻或是风姿绰约，但岁月不饶人，我们毕竟已人到中年。平淡的日子早已冲淡了当年的咄咄英气，代之而来的是一份恬淡安宁，是一种对生活的宽容，是一份平淡从容且皱纹已经开始上脸的真实，更有面对社会与生活压力而与日俱增的无奈和人生的种种磨难。

借今天部分同学在这里聚会的机会，我向所有的同学——我亲爱的兄弟姐妹，致以深深的祝福：愿我们都能在各自的工作、生活圈子里健康永远，平安幸福！愿在座的所有同学明天更美好！愿我们的下一代，生活得比我们更充实、更幸福！

来，为同学之情，为忘情今晚，干杯！

☆ 师生聚会祝辞 ☆

[主题] 聚会酒

[背景] 大学同学 20 年后相聚，同学们坐在一起共叙往日情

[地点] 某大酒楼

[人物] 多年不见的老师、同学

[祝辞人] 同学代表

[时机] 聚会即将结束

[风格] 缅怀过去，感叹人生，情深意长

亲爱的同学们：

20 年前，我们怀着一样的梦想和憧憬，怀着一样的热血和热情，从全国各地相识、相聚在 ×× 学校 ×× 班。在那四年里，我们学习在一起，吃住在一起，生活在一个温暖的大家庭里，度过了人生最纯洁、最浪漫的时光。

为 20 年前的"千里有缘来相会"干杯！

为了我们的健康成长，最终能够成为教育战线上的教学骨干，班主任李老师为我们操碎了心。今天，我们特意把李老师从百忙之中请来，对李老师的到来我们表示热烈的欢迎。

为永生难忘的"师生深情"干杯！

时光荏苒，日月如梭，从毕业那天起，转眼间16个春秋过去了。当年十七八岁的青少年，而今都步入了为人父、为人母的中年人行列。

为人生"角色的增加"干杯！

16年的时光，足以让人体味到人生百味。在我们中间，有的早已改行另谋发展，现在已是事业有成，业绩颇丰；有的已经买断工龄，下海经商……但更多的同学依然坚守在教育第一线，无私奉献，辛勤耕耘，成为各学校的中坚力量。但无论人生浮沉与贫富贵贱如何变化，同学间的友情始终是淳朴真挚的，就像我们桌上的美酒一样，越久就越香越浓。

为同学间"纯朴真挚"的友谊干杯！

来吧，同学们！让我们暂且放下各种心事，和我们的班主任一起，重拾当年的美好回忆，重温那段快乐时光，畅叙无尽的师生之情、学友之谊吧！

一日同学，百日朋友，那是割不断的情，那是分不开的缘。在短暂的聚会就要结束的时候，祝同学们家庭幸福，身体安康，事业发达！只要我们的心不老，青春友情就像钻石一样恒久远！

为"地久天长"的友谊干杯！

遗憾的是，有些同学因事务缠身，未能参加今天这个聚会。希望我们的祝福能跨越时空的阻隔，传到他们身边。在此刻明媚的春光里，再一次祝愿同学们和我们的老师幸福吉祥。

为有朝一日能够"再次相聚"干杯！

谢谢大家！

☆ 朋友聚会祝辞 ☆

[**主题**] 聚会酒

[**背景**] 朋友相聚，老朋友坐在一起共叙往日情

[**地点**] 某大酒楼

[**人物**] 多年不见的老同学、老朋友

[**祝辞人**] 同学代表

[**时机**] 开场

[**风格**] 感情真挚，用语简明

各位老朋友、新朋友们：

首先，我代表所有的朋友，包括没有来到的朋友，为大家来到这里相聚一堂表示热烈的欢迎！为同一个目标不远千里欢聚到一起的所有朋友，表示真诚的感谢！

下面，我这杯酒有三层意思：

其一，同学聚会，千载难逢。为什么说是千载难逢呢？因为要

等大家都有空了才能相聚！

其二，大家那么久没见面了，再次相聚，是一件开心的事。既然是件开心的事，怎能滴酒不沾呢？所以，酒这位好朋友是必不可少的啦！

其三，我们的友谊逐渐稳定和发展。这次的相聚，是为下次的再聚打下了坚实的基础。现在我提议，大家共同举杯，为我们的聚会活动，为我们的友谊地久天长，干杯！

☆ 家庭聚会祝辞 ☆

[主题] 聚会酒

[背景] 家人利用节日这个机会，合家欢聚，共叙亲情

[地点] 家里

[人物] 亲人、朋友

[祝辞人] 晚辈发言

[时机] 开场

[风格] 情感自然，简单明快

敬爱的长辈们：

晚上好！

新春共饮团圆酒，家家幸福加新年。在今天这个辞旧迎新的

日子里，我谨代表所有晚辈们，对在座的各位长辈说出我们的感谢和祝福……

在生命的旅途中，感谢你们的扶持与安慰，让我们在疲惫时停留在爱的港湾，沐浴着温暖的目光；在困难时，让我们听到不懈的激励；在满足前，让我们理解淡然的和谐之美。

谢谢，感谢有你们陪伴我们一起走过的每个日夜！

新年新祝福，祝愿长辈们在新的一年里，身体健康、心情愉快、生活幸福！

☆ 战友聚会祝辞（一）☆

[**主题**] 聚会酒

[**背景**] 多年不见的老战友相聚，回忆过去的军营生活

[**地点**] 某大酒楼

[**人物**] 多年不见的老战友

[**祝辞人**] 战友代表

[**时机**] 开场

[**风格**] 心情激动，兴奋不已

老战友们：

晚上好！在这个欢聚的时刻，我的心情非常激动，面对一张张

熟悉而亲切的面孔，心潮澎湃，感慨万千。

回望军旅，朝夕相处的美好时光怎能忘，苦乐与共的峥嵘岁月，凝结了你我情深意厚的战友之情。

20个悠悠岁月，弹指一挥间，但真挚的友情一直紧紧相连。许多年以后，我们战友重聚，依然能表现出难得的天真爽快，依然可以率直地应答对方，这种情景让人激动不已。

如今，由于我们各自忙于工作、劳于家事，相互间联系少了，但绿色军营结成的友情没有随风而去，已沉淀为美酒，每每启封，总是让人回味无穷。今天，我们从天南海北相聚在这里，畅叙友情，这种快乐将铭记一生。

最后，我提议，让我们共同举杯，为我们的相聚快乐，为我们的家庭幸福，为我们的友谊长存，干杯！

☆ 战友聚会祝辞（二）☆

[**主题**] 聚会酒

[**背景**] 多年不见的老战友相聚，回忆过去的军营生活

[**地点**] 某大酒楼

[**人物**] 多年不见的老战友

[**祝辞人**] 战友代表

[**时机**] 开场

[**风格**] 心情振奋，语言饱满，情真意浓

亲爱的战友们：

金秋十月，秋色迷人，家家踏月，处处赏秋。在这良宵美景之季，战友、朋友欢聚一堂，我心中极为高兴。

我们曾抛弃了五光十色的社会生活，离开家人，带着生铁般的粗糙，带着晨风般的顽皮，带着雄鹰般的向往，带着报春花的年龄，带着对祖国的一片爱恋之情，走上了口号与钢铁铸造的天地——军营。

当时有人说："你们是为了寻找荣耀。"不！大家知道，丰收的田野需要绿色的林带守护，被污染的空气需要绿色的茂叶过滤；初恋的甜蜜需要绿色的浓荫遮蔽，而我们穿上国防绿的军衣，是为了祖国的安宁和更加美好。

亲爱的战友，当我们打开在军营生活的相册时，将为我们展现出一幅幅千姿百态军旅生涯的长卷。

那戎马生涯的艰苦成长，那运筹帷幄的焦虑，那勒缰待发的躁动，那血火中拼搏的呐喊，那生死抉择的心灵撞击，那和亿万人民命运紧紧牵连着的喜怒哀乐之情，都在回忆中倾吐——美好的回忆任我们寻找，感情的"野马"载着我们奔跑，军旅的生涯永不相忘。

许多往事如时光、如烟尘，在记忆中留不下、挽不回，唯其能长久徘徊于心际的人、情、景、物或者过去、现在以致将来，都与我们有着不解之缘的一切的一切。

那是诗、那是画，那是我做了28年的美梦。断断续续的回忆，使我们情致如痴，那琐碎的、平淡的、枯燥的一切，仿佛笼上了一层朦胧的柔雾，使我们思绪绵绵，令我们深情地品味着，有的似乎并非属于我们的往昔。

我们每一个人都是战友团结友谊这棵大树上的一片叶子，也曾都为这个机体输送过经光合作用而形成的养分，也受这棵大树的支撑，在阳光下闪烁。尽管任何一片叶子迟早都会脱落，但是这棵大树注定会根深叶茂，日益繁盛，因为没有大家就没有单独的一个我。

现在，大家都在不同的岗位，但无论遇到怎样的大起大落，无论受到什么样的委屈，无论经历怎样的艰难困苦、坎坷、曲折，过去、现在和将来都不会动摇我们的信念。尽管我们都是田地里一棵不起眼的小苗，但我们决心利用同样的阳光雨露、同样的土壤、空气，顽强地生长。

让我们举起酒杯，为战友、朋友们的健康，为各位事业的成功，为各位永远伴随着欢乐、平安、幸福，干杯！

第四章　送行酒：劝君更尽一杯酒，
西出阳关无故人

☆ 欢送老校长祝辞 ☆

[**主题**] 送行

[**背景**] 校长荣升，全体老师欢送

[**地点**] 校礼堂

[**人物**] 校领导、老师们

[**祝辞人**] 现任校长

[**时机**] 开场

[**风格**] 语调高昂，表示祝贺

各位领导、各位老师：

今天，我们怀着依依惜别的心情，在这里欢送李校长去新村中学任校长、书记！

李×同志在我中学任职10年期间，工作认认真真、勤勤恳恳，分管教育、教学工作成绩突出，表现优异，为学校的发展做出了很大贡献，让我们代表三千多名师生以热烈的掌声向李校长表示衷心的感谢！

同时，我也衷心地希望李校长今后继续支持、关心我们中学的发展，也希望我们中学与新村中学结为更加友好的兄弟学校，更希望您能在百忙中抽空回家看看，因为这里有您奋斗的身影与足迹，这里是您倾注过心血和汗水的第二故乡。

下面，我提议，为了李校长全家的健康幸福、为了我们之间的友谊天长地久，大家以热烈的掌声欢送李校长！

☆ 欢送同事出国学习祝辞 ☆

[主题] 送行

[背景] 公司举行会议，为即将出国学习的员工送行

[地点] 公司会议室

[人物] 公司领导、员工

[祝辞人] 公司领导

[时机] 开场

[风格] 语言关切，热情祝福，盼早日学成归来

亲爱的同志们：

大家下午好！

今天是一个令人欣喜而又值得纪念的日子，因为经过公司的决定，柳×同志将要出国发展学习。这既让我们为柳×能有这样的机会而感到高兴，也使我们对多年共事相处的同事即将离开而感到难舍难分。

柳×同志多年来作为公司的一名技术人员，为人诚恳、思想作风正派，忠诚企业、爱岗敬业、遵守公司各项规章制度，服从分配、尊重领导、与同事之间关系和睦融洽。

俗话说，没有什么人是不可缺少的。这话通常是对的，但是对于我们来说，没有谁能够取代柳×同志的位置。尽管我们将会非常想念他，但我们祝愿他在未来的日子里得到他应有的最大幸福。

在这里，我代表公司的各级领导和全体人员，对柳×同志所做出的努力表示衷心的感谢。同时，公司也希望全体人员学习柳×同志这种敬业、勤业精神，努力做好各自的工作。

"莫愁前路无知己，天下谁人不识君。"在此，我们也希望柳×同志能继续关心我们的企业，并与同事之间多多联系。

最后，我们共同祝柳×同志旅途顺利，早日学成归来！

☆ 升学饯行祝辞 ☆

[**主题**] 送行酒

[**背景**] 孩子上学，家长摆宴邀请亲朋好友为其送行

[**地点**] 某大酒楼

[**人物**] 学生家长、同学、朋友

[**祝辞人**] 亲友代表

[**时机**] 开场

[**风格**] 气氛热烈，充满祝福

尊敬的各位来宾、女士们、先生们：

在这金秋送爽、金橙飘香的日子，我们欢聚一堂，恭贺小刚同学金榜题名，考上××大学。承蒙来宾们的深情厚谊，对各位朋友和同学的到来，致以诚挚的欢迎和最衷心的感谢！

所谓人生四大喜事：久旱逢甘露，他乡遇故知，洞房花烛夜，金榜题名时。我们恭喜小刚成功地迈出了人生的重要一步。

朋友们，十年寒窗苦，在高考考场过五关、斩六将的小刚同学，此时此刻的心情是什么？春风得意马蹄疾，一日看尽长安花。我提议，第一杯酒为英才饯行！小刚同学即将远离亲人、远离家乡，去挑战新的人生，请接受我们的祝福：海阔凭鱼跃，天高任鸟飞！

第二杯酒，祝愿小刚全家一帆风顺、二龙腾飞、三阳开泰、四季平安、五福临门、六六大顺、七星高照、八方走运、九九同心！

第三杯酒，祝各位来宾四季康宁，事事皆顺！

朋友们，干杯！

☆ 为同事送行祝辞 ☆

[**主题**] 送行酒

[**背景**] 同事到一个新的工作环境中，单位部分同事送行，以表祝愿

[**地点**] 某大酒楼

[**人物**] 单位领导、同事

[**祝辞人**] 单位领导

[**时机**] 开场

[**风格**] 语言关切，热情祝福，盼在新的工作岗位上工作顺利

各位同事：

今天，我们怀着既高兴又有一些淡淡伤感的心情聚在一起，为程×同志送行。说高兴，是因为程×同志选择了一个他认为更适合自己发展的好单位；说伤感，是因为程×同志与我们共事期间，彼此建立了深厚的友谊，此次分别将天各一方，聚少离多，依依不

舍是每个人心中的共同感受！

程×同志在大学毕业后就进入了我们单位，到现在已经10个年头了。10年中，他从一个刚出校门的学生，成长为一名优秀的科研工作者、中层管理者、高级工程师、技术专家。10年，在人类的历史长河中是短短的一瞬，可在人生的漫漫征程中可是一段值得珍惜的时光。

程×同志在这10年中，见证了我们单位由小到大、由弱到强的历史，同时也在这片热土上奉献了青春、洒下了汗水、做出了积极的贡献。这其中，有胜利的喜悦、有失败的痛苦，但是大家风雨同舟走过来了，现在回头看看我们走过的路，感到由衷的欣慰。

虽然我们不愿意离别，但还是衷心祝愿程×同志到新的工作岗位上闯出一片天地，干出一番事业，朋友们、同事们永远支持你！

《三国演义》开篇就讲："天下大势，分久必合，合久必分。"一个单位的经营当然也是这道理，铁打的营盘流水的兵，人才流动也是一个单位兴旺发达的标志。

我们单位成立以来，进进出出的人也实在不少，有的来了又走，有的走了又来。无论以什么原因走了的，他们都没有忘记自己曾经为之努力奉献的这片热土，都在以不同的方式关注、支持我们单位的建设和发展。

我们单位之所以取得今天的成绩，与那些来自五湖四海的同事们的支持是分不开的。我们也真诚地希望程×同志到新的单位、新的岗位上以后，时刻关注我们单位的发展，在力所能及的情况下，支持我们单位的继续发展。

程×同志在我们单位工作期间，为扩大经营效果而竭心思虑，为科研创新通宵达旦，为树立单位形象精益求精，他的作风、精神为我们树立了榜样，积累了经验。大家要把这些好的做法、经验，掌握好、运用好，把我们的工作做好，把我们单位发展好、建设好，让程×同志以及所有已经不再在我们单位工作的老同事、老朋友始终为我们的持续有效、和谐发展感到自豪，始终为有一块随时能够回来的根据地感到放心。

天下没有不散的宴席，有的同志要到新的单位发展了，我们要让他走得舒心、放心；为了我们共同的事业，继续在一起工作的同事们还要工作得称心、开心。

让我们共同举杯，衷心地祝愿程×同志到新的工作岗位上以后，工作顺利、身体健康、合家幸福，万事如意，干杯！

☆ 同事出国发展送别祝辞 ☆

[主题] 送行酒

[背景] 单位举行宴会，为即将出国发展的同事送行

[地点] 某大酒楼

[人物] 单位领导、同事

[祝辞人] 单位领导

[**时机**] 开场

[**风格**] 语言恳切，热情祝福，盼前程似锦

同志们：

今天下午，公司主管销售的领导和销售部全体业务人员在一起，欢送肖××同志出国发展。这既让我们为肖××同志能有这样的机会而感到高兴，也使我们对多年共事相处的同事即将分离感到难舍难分。

肖××同志作为公司的一名老员工，多年来他忠诚企业、爱岗敬业、遵守公司各项规章制度，尊重领导、服从分配、同事之间关系和睦融洽，为人诚恳、思想作风正派。

作为一名销售业务人员，肖××同志虚心好学，刻苦钻研业务，在长达 10 年的销售业务岗位上积累了一定的经验，并把这些业务经验运用在实际销售工作中，为销售部完成公司下达的任务做出了应有贡献。

尤其在去年分管北方市场当中，肖××同志凭着自己对市场多年的工作经验和对销售工作的责任心与事业心，通过不辞辛劳与努力，目前北方的市场占有率以及销售量都有很大的提高，为公司下一步争夺这块市场打下了良好的基础。

在这里，我代表公司领导和销售部全体业务人员，对肖××同志所做出的努力表示衷心的感谢。同时，公司也要求销售部全体业务人员学习肖××同志这种敬业、勤业精神，努力做好各自分管区域的市场工作。

在此，我们也希望肖××同志仍将继续关心我们的企业，与同事之间多多联系。

最后，让我们共同祝福肖××同志旅途顺利，在异国他乡事业有成！

☆ 研究生去远方工作祝辞 ☆

[**主题**] 送行酒

[**背景**] 研究生要去西部地区工作，亲朋好友前来饯行

[**地点**] 某大酒楼

[**人物**] 亲人朋友、师长

[**祝辞人**] 亲人代表

[**时机**] 开场

[**风格**] 语言关切，热情祝福，盼在远方工作开心

各位来宾、各位朋友：

今天，在周×即将奔赴祖国西部闯荡前程之际，各位亲朋好友和他的师长、同学欢聚一堂，为有志向的周×把酒壮行。刚才，几位老师、同学对他的祝福，也代表了在座各位的共同心愿。

作为亲眼看着周×长大的长辈，我对你的祝福就是无论面对顺境还是逆境，都要把握住自己的命运，百折不挠，勇往直前。

一位名人曾经说过：一个人在社会这架大算盘上，只是一颗珠子，它会受命运的摆布。但在自身这架小算盘上，你却是拨着一架算盘的手。才华、意志、时间、经历、学识，都变成了由你支配的珠子。

一个人很难选择环境，却能利用环境。每一个人都有他的基本条件和基本才学，能不能充分发挥，完全看他与外部世界的关系处理得怎样。这就像黄山上的迎客松立于悬崖绝壁，沐浴着霜风雨雪，人人见了都为之敬仰倾倒。如果当初这颗种子有灵，让它自己选择生命的落脚点，它肯定会选择山下风和日丽的平原，那它将会平庸一生，无论如何也不会有今天的辉煌和壮举。

你今天要离开家乡去开辟新的事业，天地、前程在你脚下，松树的精神是你的榜样。希望你坚韧不拔，克服困难，不懈努力，一定能创造出辉煌的业绩。

让我们共同举杯，为预祝周 × 开创出新的业绩，为他的平安健康，为他的前途无量，干杯！

☆ 老师为同学送别祝辞 ☆

[主题] 送行酒

[背景] 同学就要毕业了，相处了三年的老师为他们送行

[地点] 某大酒楼

[**人物**] 老师、同学

[**祝辞人**] 老师发言

[**时机**] 开场

[**风格**] 语言真切，关注之情尽在其中

各位同学：

今天的聚会，是你们，也是我们所有人一生中永远难忘的集会。明天，你们即将离开学习、生活了三年的母校，走向更高的学府去深造。你们中学的台阶从这里走过，我相信，将来我们每一位老师都会为你们所取得的成绩而骄傲。

作为物理老师，我还要跟你们讲，人生的关键在于毅力，在于坚韧不拔的精神。

每一个人从物质的角度来分析，身上的铁合起来不过两个铁钉，磷只有两盒火柴那么多，钙合起来只相当于一斤肥料，能燃烧的热量合起来也只相当于五斤煤，人身上的水分大概有三瓶半矿泉水，剩下的就没什么用了。

所以，人生的真正价值在于他的不懈努力和奉献，为此，我祝福你们：

人生像金，要珍惜。金的特性是坚固、稀有和贵重，希望你们要珍惜时间，珍惜青春、爱情、生命。努力奋斗，你们就会充实、坚固、丰富、凝重——拥有金子一样的生命。

人生像木，要长进。一颗种子随风落下，不论石缝里还是山岩下，不畏艰险的环境，饱吸阳光雨露；不畏风霜雷电，终于石

破天惊，成长为一棵高高参天、浓荫遮地的大树。

人生像水，要适应。水从容大度，不分昼夜地奔流，能适应任何环境。适应也是克服，水滴石穿，这就是柔性、耐心。人生天地间，顺境、逆境是寻常事，要紧的是有水的心情，水的柔性，水的涵养，水的可大可小的气度，水奔流到海不复回的精神。

人生像火，要投入。像火的燃烧，热情美丽，人生要做成几件事就得全身心地投入、付出、牺牲。燃烧自己，才能有生命的亮丽和辉煌。

人生像土，要浑厚。土无处不在，土随遇而安、朴素无华、根基结实。不随势而变，贫贱不能移，富贵不能淫，威武不能屈，永远保持自己的本色。

现在，我代表所有老师，祝愿每一位同学像金子一样到哪里都能发光，像树木永远奋发向上，像水流柔韧大度，像火焰永远热烈，像土地那样浑厚！

请大家以茶代酒，干杯！

第五章　生日酒：唱响生日歌，倒满祝福酒

☆ 父母生日祝辞 ☆

[**主题**] 生日酒

[**背景**] 全家聚在一起庆祝父母生日，儿女们纷纷表达自己的心声

[**地点**] 某大酒楼

[**人物**] 家人、朋友及单位同事

[**祝辞人**] 长子

[**时机**] 开场

[**风格**] 语言诚恳，对父母的养育之恩表达了感谢

尊敬的各位亲朋好友：

大家好！

在这喜庆的日子里，我们高兴地迎来了敬爱的父亲（母亲）60岁的生日。今天，我们欢聚一堂，我代表我们兄弟姐妹和我们的子女共15人，对所有光临酒店参加我们父亲（母亲）生日宴会的各位长辈和亲朋好友，表示热烈的欢迎和衷心的感谢！

我们的父亲（母亲）几十年含辛茹苦、勤俭持家，把我们一个个拉扯大。常年的辛勤劳作，他们的脸上留下了岁月刻画的年轮，头上镶嵌了春秋打造的霜花。所以，在今天这个喜庆的日子里，我们首先要说的就是，衷心感谢二老的养育之恩！

我们相信，在我们弟兄姐妹的共同努力下，我们的家业一定会蒸蒸日上，兴盛繁荣！我们的父母一定会健康长寿，老有所养，老有所乐！

最后，再次感谢各位长辈、亲朋好友的光临！

再次祝愿父亲（母亲）晚年幸福，身体健康，长寿无疆！

☆ 恩师寿宴祝辞 ☆

[**主题**] 生日酒

[**背景**] 恩师 60 大寿，各方学子前来祝老师寿比南山

[**地点**] 某大酒楼

[**人物**] 学校同事、学生

[**祝辞人**] 学生代表

[**时机**] 开场

[**风格**] 语言诚恳，对老师的培育之情表达了感谢

各位老师、同学们：

值此尊敬的李×老师60华诞之时，我们欢聚一堂，庆贺恩师健康长寿，畅谈离情别绪，互勉事业腾飞。这一美好的时刻，将永远留在我们的记忆里。

现在，我提议，首先向老师敬上三杯酒。第一杯酒，祝贺老师60华诞喜庆；第二杯酒，感谢老师恩深情重；第三杯酒，祝愿老师健康长寿！

一位作家曾说："在所有的称呼中，有两个是最闪光、最动情的：一个是母亲，一个是老师。老师的生命是一团火，老师的生活是一曲歌，老师的事业是一首诗。"那么，我们的恩师——尊敬的李老师的生命，更是一团燃烧的火；李老师的生活，更是一曲雄壮的歌；李老师的事业，更是一首优美的诗。

李老师在人生的旅程上，风风雨雨，历经沧桑，他的生命，不仅限血气方刚时喷焰闪光，而且在壮志暮年中流霞溢彩。

李老师的一生，视名利淡如水，看事业重如山。

回想——恩师当年惠泽播春雨；喜看——桃李今朝九州竞争妍。

最后，衷心地祝愿恩师福如东海，寿比南山！

☆公司领导生日祝辞 ☆

[**主题**] 生日酒

[**背景**] 单位同事欢聚一堂，祝领导生日快乐

[**地点**] 某大酒楼

[**人物**] 单位领导、同事、各方来宾

[**祝辞人**] 同事代表

[**时机**] 开场

[**风格**] 语言简练，感叹同事情、朋友谊

各位朋友、各位来宾：

大家好！

今天是李××先生的生日庆典，我受邀参加这一盛会并讲话，深感荣幸。在此，请允许我代表公司的同事以及我个人，向李××先生致以最衷心的生日祝福！

李××先生是我们公司的重要领导核心之一，他对本公司的无私奉献，我们已有目共睹，他那份"有了小家不忘大家"的真诚与热情，更是多次打动过我们的心弦。

李先生对事业的执着令同龄人为之感叹，李先生的事业有成更令同龄人为之骄傲。

在此，我们祝愿李先生青春常在，永远幸福！更希望看到他在步入金秋之后，仍将傲霜斗雪，流香溢彩！

人海茫茫，我们只是沧海一粟，由陌路而朋友，由相遇而相知，谁说这不是缘分？路漫漫，岁悠悠，世上不可能还有什么比这更珍贵的，我真诚地希望我们能永远守住这份珍贵。

在此，请大家举杯，让我们共同为李××先生的50岁生日而干杯！

☆ 爱人生日祝辞 ☆

[**主题**] 生日酒

[**背景**] 爱人生日，各方朋友前来祝贺

[**地点**] 某大酒楼

[**人物**] 家人、朋友

[**祝辞人**] 丈夫

[**时机**] 开场

[**风格**] 语言亲切，欢喜与温情尽在其中

各位朋友：

晚上好！

感谢大家来到我太太的生日会！大家提议让我讲几句，其实也

没什么可讲的，你们从我一脸的灿烂足可以看出我内心的幸福，不过盛情之下，那请大家容许我对我亲爱的太太说上几句。

老婆，你"抱怨"我不懂浪漫，其实看得出来你满心欢喜；你说只要我有这份心，你就很开心。

我们曾是那样充满朝气，带着互相信任走入了婚姻，我要感谢你给了我现在拥有的一切——世上唯一的爱和我所依恋的温馨小家！

很多人说，再热烈如火的爱情，经过几年之后也会慢慢消逝，但我们却像傻瓜一样执着地坚守着彼此的爱情，我们当初钩小指许下的约定，现在都在——实现和体验。

今生注定我是你的唯一，你是我的至爱，因为我们是知心爱人，让我们携手一起漫步人生路，一起慢慢变老，爱你此生永无悔！

最后，祝愿各位同样爱情甜蜜，事业如意，干杯！

☆ 朋友生日祝辞 ☆

[主题] 生日酒

[背景] 朋友生日，亲朋好友聚在一起，举杯同欢

[地点] 某大酒楼

[人物] 家人、朋友

[**祝辞人**] 朋友代表

[**时机**] 开场

[**风格**] 语言关切，用华丽的词汇表达了对朋友生日的祝贺

各位来宾、各位亲爱的朋友：

晚上好！

烛光辉映着我们的笑脸，歌声荡漾着我们的心潮。跟着金色的阳光，伴着优美的旋律，我们迎来了小易的生日。在这里，我谨代表各位好友祝小易生日快乐，幸福永远！

在这个世界上，人不可以没有父母，同样也不可以没有朋友。没有朋友的生活，犹如一杯没有加糖的咖啡，苦涩难咽，还有一点儿淡淡的愁。因为寂寞，因为难耐，生命将变得没有乐趣，不复真正的风采。

朋友，是我们站在窗前欣赏冬日飘零的雪花时，手中捧着的一盏热茶；朋友，是我们走在夏日滂沱大雨中时，手里撑着的一把雨伞；朋友，是春日来临时，吹开我们心中冬的郁闷的那一丝暖风；朋友，是收获季节里，我们陶醉在秋日私语中的那杯美酒……

来吧，朋友们！让我们端起芬芳醉人的美酒，为小易祝福！祝小易事业正当午，身体壮如虎，金钱不胜数，干活不辛苦，悠闲像老鼠，浪漫似乐谱，快乐非你莫属！

☆ 满月宴祝辞 ☆

[**主题**] 满月酒

[**背景**] 孩子满月，亲人朋友前来祝贺喜得贵子

[**地点**] 某大酒楼

[**人物**] 家人、朋友、同事

[**祝辞人**] 孩子的父亲

[**时机**] 开场

[**风格**] 语气温情、喜悦，同时也给各位来宾送去美好祝愿

各位来宾、亲朋好友：

大家好！

此时此刻，我的内心是无比的激动和兴奋，为表达我此时的情感，我要向各位行三鞠躬。

一鞠躬，是感谢。感谢大家的到来，与我们共同分享这份喜悦和快乐。

二鞠躬，还是感谢。因为在大家的祝福下，我和妻子有了宝宝，升级做了父母，这是我们家一件具有里程碑意义的大事。虽然做父母才有一个月的时间，可我们对"未养儿不知父母恩"有了更深的理解，也让我们怀有一颗感恩的心。除了要感谢生我们、养我

们的父母，还要感谢我们的亲朋好友、单位的领导与同事。正是有了各位的支持、关心、帮助，才让我们感到生活更加甜蜜，工作更加顺利。也衷心希望大家一如既往地支持我们、帮助我们、关注我们。

三鞠躬，是送去我们对大家最衷心的良好祝愿。祝大家永远快乐、幸福、健康。

今天，我们在此准备了简单的酒菜，希望大家吃好、喝好。如有招待不周，请多多包涵！

☆ 满月宴来宾祝辞 ☆

[**主题**] 满月酒

[**背景**] 孩子满月，亲人朋友前来祝贺喜得千金

[**地点**] 某大酒楼

[**人物**] 家人、朋友、同事

[**祝辞人**] 来宾代表

[**时机**] 开场

[**风格**] 语气温情、喜悦，祝福孩子与家人生活美满

各位来宾、各位朋友：

佳节方过，喜事又临。今天是张先生的千金满月的大喜日子，

在此，我代表来宾朋友们向张先生表示真挚的祝福。

在过去的时光中，当我们感悟着生活带给我们的一切时，我们越来越清楚人生最重要的东西莫过于生命。张先生在工作中是一个奋进、优秀的人，相信他创造的这个新生命，奉献给张先生家庭的一定是无比美妙的歌声。

让我们祝愿这个新的生命，也祝愿各位朋友的下一代在这个祥和的社会中茁壮成长，成为国家栋梁之才！也顺祝大家身体健康，快乐连连，全家幸福，万事圆满！

☆ 周岁生日祝辞 ☆

[主题] 生日酒

[背景] 不知不觉孩子就一周岁了，亲朋好友前来到贺，祝孩子健康成长

[地点] 某大酒楼

[人物] 家人、朋友、同事

[祝辞人] 孩子的父亲

[时机] 开场

[风格] 语气温情、喜悦，感谢大家对孩子的关心，同时也给各位来宾送去美好祝愿

各位亲友：

大家好！

首先，对大家今天光临我儿子皮皮的周岁宴会，表示最热烈的欢迎和最诚挚的谢意！

此时此刻、此情此景，我们一家三口站在这里，心情很激动。

为人父母，方知辛劳。皮皮今天刚满一周岁，在过去的365天中，我和太太尝到了初为人父、初为人母的幸福感和自豪感，但同时也真正体会到了养育儿女的无比辛劳。

今天在座的有我的父母，还有岳父岳母，对于我们夫妻俩30年的养育之恩，我们无以回报，今天借这个机会向你们四位老人深情地说声：谢谢了！并衷心地祝你们健康长寿！

在过去的日子里，在座的各位朋友曾给予了我们许许多多无私的帮助，让我感到无比的温暖。在此，请允许我代表我们一家三口向在座的各位亲朋好友表示十二万分的感激！现在和未来的时光里，我们仍奢望各位亲朋好友进行善意的批评与教导。

今天，以我儿子一周岁生日的名义相邀各位至爱亲朋欢聚一堂，菜虽不丰，但是我们的一片真情；酒纵清淡，但是我们的一份热心。若有不周之处，还盼各位海涵。

让我们共同举杯，同祝各位工作顺利、万事如意！谢谢。

☆ 十岁生日祝辞 ☆

[**主题**] 生日酒

[**背景**] 不知不觉孩子就 10 岁了，亲朋好友前来到贺，祝孩子
健康成长

[**地点**] 某大酒楼

[**人物**] 家人、朋友、同事

[**祝辞人**] 孩子的父亲

[**时机**] 开场

[**风格**] 语气温情、喜悦，感谢大家对孩子的关心，同时也给
各位来宾送去美好祝愿

各位来宾、亲爱的朋友们：

大家晚上好！

今天，是我女儿涵涵 10 岁生日的大好日子，非常高兴能有这
么多的亲朋好友前来捧场，至此，我代表我们全家对各位的盛情光
临表示最衷心的感谢！

10 岁是一个非常美好的年龄，是人生旅途中的第一个里程碑。
在此，我祝愿我的女儿生日快乐，学习进步，健康、快乐地成长，
我更希望她能成长为一个有知识、有能力、人人喜欢的人，愿爸爸

妈妈的条条皱纹、缕缕白发化作你如花的年华、锦绣的前程。

同时，涵涵的成长也有劳于各位长辈的关心和厚爱，希望大家能一如既往地给予她鼓励和支持，这些都会给她的人生带来更多的动力和活力。

最后，备对联一副，以表对各位亲朋好友的感激：

上联是：吃，吃尽人间美味不要浪费；

下联是：喝，喝尽天下美酒不要喝醉。

横批是：吃好喝好。

☆ 十八岁生日祝辞 ☆

[**主题**] 生日祝福

[**背景**] 不知不觉孩子就 18 岁了，学校为同学们举行了隆重的成人礼

[**地点**] 学校操场

[**人物**] 学校领导、老师、学生及家长

[**祝辞人**] 学校领导

[**时机**] 开场

[**风格**] 话语欣慰，祝福同学们走出更精彩的人生

尊敬的各位老师、各位家长，亲爱的全体同学：

大家好！

今天是高三全体同学 18 岁的生日，首先，我代表全体老师为你们祝福，向你们表示衷心的祝贺！

今天，你们将带着父母、亲人的热切期盼，面对庄严的国旗许下铿锵誓言，光荣地成为中华人民共和国的成人公民，迈出成人第一步，踏上人生新征途。

18 岁，这是多么美妙、多么令人羡慕的年龄！这是一个多么美丽而又神圣的起点：它意味着从此以后，你们将承担更大的责任和使命，思考更深的道理，探求更多的知识。

18 岁，这是你们人生中一个新的里程碑，是人生的一个重大转折，也是人生旅途中一个新的起点。

同学们，在未来的岁月里，我们希望看到你们羽翼丰满，勇敢顽强！我们希望你们始终能够老老实实做人、勤勤恳恳做事，一步一个脚印，带着勇气、知识、信念、追求去搏击长空，创造自己的新生活！我们也祝福你们在今后的人生道路上，一路拼搏，一路精彩！

为了风华正茂的 18 岁，请大家以热烈的掌声给予祝贺！

谢谢大家！

☆ 三十岁生日祝辞 ☆

[**主题**] 生日酒

[**背景**] 在 30 岁生日到来之际，各方亲朋好友前来祝贺，祝明天更上一层楼

[**地点**] 某大酒楼

[**人物**] 家人、朋友、同事

[**祝辞人**] 过生日者

[**时机**] 开场

[**风格**] 话语中透露着感激、感恩，同时也给各位来宾送去美好祝愿

亲爱的朋友们：

十分感谢大家的光临，来庆祝我的 30 岁生日。

常言道：30 岁是美丽的分界线。30 岁前的美丽是青春，是容颜，是终会老去的美丽；而 30 岁后的美丽，是内涵，是魅力，是永恒的美丽。

如今，与 20 岁的天真烂漫相比，30 岁已经不见了清纯可爱的笑容；与 25 岁的活泼好勇相比，30 岁已经不见了咄咄逼人的好战好胜。但接连不断的得失过后，换来的是我坚定自信、处变不惊和

一颗宽容忍耐的心。

30岁，这是人生的一个阶段，无论这个阶段里曾发生过什么，我依然怀着感恩的心说声谢谢：谢谢父母赐予我的生命！谢谢我生命中健康、阳光的30岁！谢谢30岁时我正拥有的一切！

我是幸运的，也是幸福的。我从事着一份平凡而满足的工作；上天赐给我一个爱我的老公和一个健康聪明的孩子；关爱我的父母给了我一份内心的踏实；跟我能真正交心的知己，使我的内心又平添了一份温暖。我希望，在今后的人生路上，自己能走得更坚定。

为了这份成熟，为了各位的幸福，大家干杯！

☆ 四十岁生日祝辞 ☆

[**主题**] 生日酒

[**背景**] 在40岁生日到来之际，各方亲朋好友前来祝贺，祝工作顺心，生活愉快

[**地点**] 某大酒楼

[**人物**] 家人、朋友

[**祝辞人**] 孩子

[**时机**] 开场

[**风格**] 话语中，儿女表达了母爱的伟大及对妈妈的美好祝愿

各位来宾、各位朋友：

今天是我敬爱的妈妈的生日。首先，我代表我的妈妈及全家对前来参加生日宴会的各位长辈、各位朋友表示热烈的欢迎和深深的谢意。我以茶代酒，现在提议大家共同举杯，为我们这个大家庭干杯，让我们共同祝愿我们之间的亲情、友情越来越浓，绵绵不绝，一代传一代，直到永远！

现在我还在读书，也算大人了，可妈妈事事还在为我操心，时时都在为我着想。妈妈对儿女是最无私的，母爱是崇高的爱，这种爱只是给予，不求索取；母爱崇高有如大山，深沉有如大海，纯洁有如白云，无私有如田地。所以，这第二杯茶，我敬在座的最令人尊敬和钦佩的各位母亲。

常言道，母行千里儿不愁，儿走一步母担忧。言语永远不足以表达母爱的伟大，希望你们能理解我们心中的爱。

最后这杯茶要言归正传，回到今天的主题。再次衷心地祝愿妈妈生日快乐，愿您在未来的岁月中永远快乐、永远健康、永远幸福！

☆ 五十岁生日祝辞 ☆

[**主题**] 生日酒

[**背景**] 在家父50岁生日到来之际，各方亲朋好友前来祝贺

[**地点**] 某大酒楼

[**人物**] 家人、朋友

[**祝辞人**] 儿子

[**时机**] 开场

[**风格**] 话语中表达了父爱的伟大，并祝来宾们开心愉快

各位来宾、各位亲朋好友：

晚上好！

今天是家父 50 岁的生日，非常感谢大家的光临！

树木的繁茂归功于土地的养育，儿子的成长归功于父母的辛劳。在父亲博大温暖的胸怀里，真正使我感受到了爱的奉献。在此，请让我深深地说声谢谢！

父亲的爱是含蓄的，每一次严厉的责备，每一回无声的付出，都诠释出一位父亲对儿子那种特殊的关爱，它是一种崇高的爱，只是给予，不求索取。

50 岁是您生命的秋天，是枫叶一般的色彩。对于我来说，最大的幸福莫过于有理解自己的父母。我得到了这种幸福，并从未失去过。

今天，我们欢聚一堂，为您庆祝 50 岁的生日，这只是代表您人生长征路上走完的第一步，愿您在今后的事业树上结出更大的果实，愿与母亲的感情越来越温馨！

最后，请大家畅饮美酒，与我们一起分享这个美好的夜晚。顺祝各位万事如意，合家欢乐。

☆ 六十岁生日祝辞 ☆

[**主题**] 生日酒

[**背景**] 在家父 60 岁生日到来之际，各方亲朋好友前来祝贺

[**地点**] 某大酒楼

[**人物**] 家人、朋友

[**祝辞人**] 儿子

[**时机**] 开场

[**风格**] 话语中表达了父亲是一位可亲、可敬、可爱的人，并祝来宾们开心愉快

尊敬的各位朋友、各位来宾：

你们好！

值此父亲花甲之年、生日庆典之际，我代表我的父母、我们姐弟二人及我们的家庭，向前来光临宴会的嘉宾表示热烈的欢迎和最诚挚的谢意！

我们在场的每一位都有自己可敬的父亲，然而，今天我可以骄傲地告诉大家，我们姐弟有一位可亲、可敬、可爱，世界上最伟大的父亲！

爸爸，您老人家含辛茹苦地扶养我们长大成人，多少次，我们

把种种烦恼和痛苦都洒向您那饱经风霜、宽厚慈爱的胸怀。爸爸的苦，爸爸的累，爸爸的情，爸爸的爱，我们一辈子都难以报答。爸爸，让我代表我们姐弟向您鞠躬了！

在此，我祝愿爸爸您老人家福如东海水，寿比南山松。愿我们永远拥有一个快乐、幸福的家庭。

最后，祝各位嘉宾万事如意，让我们共同度过一个难忘的今宵，谢谢大家！

☆ 七十岁寿辰宴祝辞 ☆

[**主题**] 生日酒

[**背景**] 外公 70 岁生日，各方亲人及朋友前来贺寿

[**地点**] 某大酒楼

[**人物**] 家人、朋友

[**祝辞人**] 外孙子

[**时机**] 开场

[**风格**] 话语真挚亲切，道出了老人艰苦朴素的一生

尊敬的外公、外婆，各位长辈、各位来宾：

大家好！

今天是我敬爱的外公 70 岁大寿的好日子，在此，请允许我代

表我的家人，向外公、外婆送上最真诚、最温馨的祝福！向大家的到来，致以衷心的感谢和无限的敬意！

外公、外婆几十年的人生历程，同甘共苦，相濡以沫，品足了生活的酸与甜。在他们共同的生活中，结下了累累硕果，积累了无数珍贵的人生智慧，那就是他们勤俭朴实的精神品格，真诚待人的处世之道，相敬、相爱、永相厮守的真挚情感！

外公、外婆都是普通人，但在我们晚辈的心中永远是神圣的、伟大的！我们的幸福来自于外公、外婆的支持和鼓励，我们的快乐来自于外公、外婆的呵护和疼爱，我们的团结和睦来自于外公、外婆的殷殷嘱咐和谆谆教诲！

在此，我作为代表向外公、外婆表示：我们一定要牢记你们的教导，承继你们的精神，团结和睦，积极进取，在学业、事业上都取得丰收。同时，一定要孝敬你们安度晚年，百年到老。

让我们共同举杯，祝二老福如东海，寿比南山，身体健康，永远快乐！

☆ 七十岁寿宴寿星祝辞 ☆

[**主题**] 生日酒

[**背景**] 老人70岁生日之际，亲友们欢聚一堂，其乐融融

[**地点**] 某大酒楼

[**人物**] 家人、朋友

[**祝辞人**] 本人

[**时机**] 开场

[**风格**] 话语中充溢着对美好生活的感叹，并祝亲友万事如意

各位亲友、各位来宾：

今天，亲友们百忙之中专程前来，欢聚一堂为我祝寿，我本人并代表家庭子女对诸位表示热烈的欢迎和衷心的感谢！

子女、亲友为我筹办这次寿宴，我的心里非常高兴，使我感受到亲友的关怀和温暖，也体会了子女孝敬老人的深情，使我能够尽享天伦之乐！

当年，我和父亲在农村曾经度过一段困苦的日子，一晃，几十年过去了。我走过了多半生并不平坦的人生之路，历经磨难但自强不息，在亲友的鼓励与帮助下，随着国家的繁荣与富强终于走出困境，直到荣归故里、颐养天年。

我觉得，懂得乐观、不屈、感恩，一个人就有幸福。生活中处处有快乐和幸福，它需要我们去不停地追求。

最后，祝各位亲友万事如意，前程似锦！

☆ 八十岁寿辰宴祝辞 ☆

[**主题**] 生日酒

[**背景**] 李妈妈 80 岁寿辰到来之际，各方亲朋好友前来祝贺

[**地点**] 某大酒楼

[**人物**] 家人、朋友

[**祝辞人**] 来宾代表

[**时机**] 开场

[**风格**] 语言真诚、温馨，祝老人身体健康

尊敬的各位来宾：

春秋迭易，岁月轮回。今天我们欢聚在这里，为李先生的母亲——我们尊敬的李妈妈共祝 80 岁大寿。

在这里，我首先代表所有亲朋好友向李妈妈送上最真诚、最温馨的祝福，祝李妈妈福如东海，寿比南山，健康如意，福乐绵绵，笑口常开，益寿延年！

风风雨雨 80 年，李妈妈阅尽人间沧桑，她一生积蓄的最大财富是，她那勤劳、善良的人生品格，她那宽厚待人的处世之道，她那慈爱有加的朴实家风。这一切，伴随她经历了坎坷的岁月，更伴随她迎来了晚年幸福的生活。

而最让李妈妈高兴的是，这笔宝贵的财富已经被她的爱子李先生所继承。多年来，他叱咤商海，以过人的胆识和诚信的品质获得了巨大成功。

让我们共同举杯，祝福老人家生活之树常绿，生命之水长流，寿诞快乐！

也祝福在座的所有来宾身体健康、工作顺利、万事如意！

☆ 九十岁大寿祝辞 ☆

[**主题**] 生日酒

[**背景**] 老人 90 岁寿辰到来之际，各方亲朋好友前来祝贺

[**地点**] 某大酒楼

[**人物**] 家人、朋友

[**祝辞人**] 儿子

[**时机**] 开场

[**风格**] 话语兴奋，表达了对来宾的祝愿与对老父亲的敬仰

尊敬的各位来宾、各位亲朋好友：

大家好！

值此举家欢庆之际，各位亲朋好友前来祝寿，使父亲的 90 岁大寿倍增光彩。我们对各位的光临表示最热烈的欢迎和最衷心

的感谢!

人生七十古来稀,九十高寿正是福;与人为善心胸宽,知足常乐顺自然!

我们的父亲心慈面软,与人为善。他扶贫济困,友好四邻;他尊老爱幼,重亲情、重友情,使亲朋好友都保持来往,代代相传!

今天,在欢庆我们的父亲90华诞之际,他近在身边的子孙亲人,有的前来、有的写信、有的致电、有的送礼物,都发自内心用不同的方式祝福他老人家:福如东海长流水,寿比南山不老松!

今天,在欢庆我们的父亲90岁高寿之时,我代表他老人家的儿子、儿媳、女儿、女婿及其孙辈后代,衷心地恭祝各位亲友:诸事大吉大利,生活美满如蜜!

为庆贺我们的父亲90华诞,为加深彼此的亲情、友情,让我们共同举杯畅饮长寿酒,喜进长乐餐!

☆ 百岁生日祝辞 ☆

[**主题**] 生日酒

[**背景**] 老人百岁寿辰到来之际,各方亲朋好友前来祝贺

[**地点**] 某大酒楼

[**人物**] 家人、朋友

[**祝辞人**] 来宾代表

[**时机**] 开场

[**风格**] 语言真诚、温馨，对老人一生做了简要的评价，祝老人身体健康

各位老师、各位来宾：

今天我们济济一堂，隆重庆祝孙老先生百岁华诞。在此，我首先代表学校并以我个人的名义向孙老先生表示热烈的祝贺，衷心祝愿孙老身体健康！同时，也向今天到来的各位老师、各位来宾表示诚挚的谢意。感谢大家多年来为化学系的发展，特别是化学学科建设所做出的积极贡献！

孙老先生是化学学科的开拓者和学术带头人之一，也是我国化学研究领域的一位重要奠基人。孙老先生德高望重，学识渊博，在长达60年的教学和研究生涯中，他淡泊名利，不畏艰难，孜孜不倦，为化学系的人才培养做出了卓越的贡献。

孙老先生不仅著书立说，为学术界贡献了许多优秀学术论著，而且教书育人，言传身教，培养了许多优秀的人才。

几十年来，孙老先生以自己的学识和行动，深刻影响和感染了他周围的同事和学生，为后辈学人树立了道德和学术的楷模。

在孙老先生百岁寿辰之际举行这样一个庆祝会，重温他的学术经历是非常有意义的，必将激励大家以孙老先生为榜样，进一步推进全校的师德建设和学科建设。

最后，再次衷心祝愿孙老先生身体健康！祝我校化学系更加蓬勃发展！谢谢大家！

第六章　谐趣酒：悠悠迷所留，酒中有深味

☆ 1 ~ 10 的数字谐趣祝辞（一）☆

[**主题**] 谐趣酒

[**背景**] 面临分别，即将踏上回乡的路程，战友们聚在一起

[**地点**] 某大酒楼

[**人物**] 部队战友

[**祝辞人**] 战友代表

[**时机**] 开场

[**风格**] 语言简练，用数字组成了一串串美好的祝福

各位战友：

今天，我们一起朝夕相处三年多的二十几位战友，即将踏上回

故乡的路程，在此，为我们的兄弟情、战友情，我敬大家杯酒，祝你们：

一树春风千万枝，二月深情浓似酒，三山五岳任我行，四海各业数风流，五（吾）辈面前无难事，六番扬眉百利收，七色彩虹程似锦，八面来风荡轻舟，九（酒）杯一举饮同心，十万祝福在心头。

干杯！

☆ 1～10 的数字谐趣祝辞（二） ☆

[**主题**] 谐趣酒

[**背景**] 新项目上线，朋友们相聚在一起，谈工作、谈友情

[**地点**] 某大酒楼

[**人物**] 单位同事、朋友

[**祝辞人**] 朋友代表

[**时机**] 开场

[**风格**] 语言简练，用数字组成了一串串美好的祝福

各位来宾、各位朋友：

我公司与××公司在合作生产电子数控胶订机方面达成了协议，这必将对我们双方发挥各自优势、取得更大效益创造了条件。因为胶订机加上数控的优势，就会插上高科技的翅膀。

其实，0~9 这些简单的数字不但能解释物质世界的一切，也能给我们以最好的祝福。现在，我祝愿各位来宾：

一帆风顺，二路进财，三阳开泰，四季平安，五福临门，六六大顺，七色彩虹，八方见喜，九九重阳，十全十美。

请大家共同举杯，为吉祥的祝福，干杯！

☆ 楹联祝辞 ☆

[主题] 谐趣酒

[背景] 单位同事出来聚会，大家把酒言欢

[地点] 某大酒楼

[人物] 部门主管、同事

[祝辞人] 同事代表

[时机] 中场

[风格] 语言简练，用以楹联形式组成了对大家美好的祝福

女士们、先生们、朋友们：

刚才部门主管汪总代表公司为大家做了精彩的祝酒辞，我谨代表我自己先给大家敬一杯酒。冬日里，我们来到这湖光宜人、山川秀美的金龙山庄欢聚一堂，共叙友情，别有一番情趣。

受景致的感染，我编了一副对联。

上联是：红灯高挂映白雪温暖林乡人家［白酒名］；

下联是：青山为伴我是峰情系金龙山庄［酒店名］。

横批是：鞠三个躬许三个愿敬一杯酒。

☆ 风趣祝辞 ☆

[主题] 谐趣酒

[背景] 单位聚会，大家欢聚一堂共话事业

[地点] 某大酒楼

[人物] 单位领导、同事

[祝辞人] 领导致辞

[时机] 开场

[风格] 借题发挥，用火锅等形象的比喻，号召大家团结共进

同志们：

在这国富民安、百业俱兴、万家欢庆的大好时刻，让我们紧密团结在以火锅为核心的餐桌周围，高举洋溢着浓烈的茅台酒香的酒杯，沿着笔直的食管，把酒灌进去，直到见杯底！

大家干杯！

☆ 股民祝辞 ☆

[**主题**] 谐趣酒

[**背景**] 一年下来，股友们坐在一起喝酒论股

[**地点**] 某大酒楼

[**人物**] 股民朋友

[**祝辞人**] 股民代表

[**时机**] 开场

[**风格**] 以报告的形式，道出了一年来股市的起起伏伏，让人耳目一新

各位忠实的股友们，大家好！

猪年即将过去了，崭新的一年即将到来。借着今天的酒会，现在把今年的工作情况向各位股友做如下工作报告：

存在问题：好吃饭、好看盘、好抽烟、好喝酒、好买股。

分析原因：饭好吃、盘好看、烟好抽、酒好喝、股好买。

总结经验：吃饭好、看盘好、抽烟好、喝酒好、买股好。

整改措施：饭吃好、盘看好、烟抽好、酒喝好、股买好。

努力方向：吃好饭、看好盘、抽好烟、喝好酒、买好股。

新的一年里，我们要紧密扎根在股市里，高举"有股必买，有

买必赚，有赚必抛，有抛必建"理论的伟大旗帜，认真贯彻落实"股市不倒，我不倒"的要求，坚持"高抛低进，低位建仓"的思想路线，弘扬"一不怕调整，二不怕崩盘"的大无畏精神，把"从哪里跌倒就从哪里站起来"作为振兴小家的第一要务！

大家要从根本上改变"看股评，听专家讲解，透内部消息，替庄家分忧"的方式！

谈股要有新思想，灌水要有新思路，坚持"四有"方针，即有组织，有预谋，有把握，有成绩。相互促进，共同发展，从而使咱们在中国股市上走可持续发展的道路！

朋友们，喝了这杯酒，"熊市"不在有。干杯！

☆ 搞怪版生日祝辞 ☆

[主题] 谐趣酒

[背景] 网友们坐在一起，为版主的生日祝贺

[地点] 某大酒楼

[人物] 部分网友及朋友

[祝辞人] 网友代表

[时机] 开场

[风格] 语言风趣，利用网络语言道出了生日的祝愿

各位朋友们：

明天，10月6日，一个对于旁人来说很普通的日子，但是对于我们的版上来说，却是个不平凡的日子。

在若干年前，送子观音娘娘给凡间送来了一男一女两个天资聪颖、骨骼奇特的小生命。若干年后，男孩长成了一个风流倜傥、英俊潇洒、玉树临风的翩翩少年！而女孩也出落成了一名沉鱼落雁、闭月羞花、风姿绰约、温柔可人的窈窕淑女！

他们现在正在网络上努力地、勤奋地、艰苦地工作着，为所有漂泊的心灵营造着一个可以停泊的温馨港湾；让所有受过伤害的和正在受着伤害的心灵，能得到真情的呵护；为一颗颗孤寂的心灵找到寄托；为一个个适龄的、大龄的甚至是超龄的孤男寡女们牵线搭桥、当红娘、做媒婆、拉郎配……（啊！又错了！又错了！这句话是给婚姻介绍人写的，用错地方了。对不起啊！）

那个她，就是我们敬爱的、敬仰的、敬佩的、敬重的、敬畏的老大版主、版主老大——秋水伊人小姐！

那个他，就是我们可爱的、可人的、可信的、可喜的、可口的（又错了！饿了，对不起！）老五版主、版主老五——zhou dong yuan2002先生！

在这二位大喜之日（生日庆贺，别想歪了），在这举国欢腾、普天同庆的时刻，我谨代表全版同仁祝愿二位：年年有今日，岁岁有今朝！福如东海长流水，寿比南山不老松！让我们同唱一首歌："zhu（这个字读第几声？）你生日快乐！"

朋友们，干杯！

第七章　励志酒：人生得意须尽欢，莫使金樽空对月

☆ 安慰鼓励祝辞 ☆

[**主题**] 励志酒

[**背景**] 同学因未能提干而抑郁不欢，于是朋友们坐在一起借喝酒之机以示鼓励

[**地点**] 同学家中

[**人物**] 同学、朋友

[**祝辞人**] 同学代表

[**时机**] 开场

[**风格**] 语言有力，告诫友人逆境并不可怕，鼓励其振奋起来

各位同学、朋友们：

我来跟咱们班的风流才子、最有才华的李同学喝一杯，我们两个主旋乐（干杯），请各位伴奏（举杯相陪）。

没喝之前，我要说几句大家都知道的道理。一个人的成就，不完全决定他当多大的官，而在于才尽所用被人们认可。我们的才子虽然在这次提干中未能如愿以偿，但是他在考试和民意测评中都排名最高，说明他的能力是有目共睹的，是被大家所公认的。

人生在世，天地公心。人各其志，人各其才，人各其时，人各其用。只要其心不泯，才得其用，时不我待，有功于事业，就是成功。

如果说这一次机会没能公道地落在李同学的头上，也许还会为他成就大器打下基础。逆境，可能为他成就大业创造常人得不到的条件，也许这正是上天对他的偏爱。

世界上任何一个有大成就的人，都是在逆境中不断磨炼成长起来的。你心里想着一个世界，上天却偏偏给你另一个世界，这两个世界矛盾斗争的结果，就会使一些能够经得起磨炼的人，得到一个超过这两个之上的更新的、更完美的世界。这比之顺境下，天天时时天遂人愿，没有企盼，又如何去拼上全力为之奋斗呢？

我的祝福不是理想化的祝愿，不是仅仅出于友人之间感情的祝福，而是看着我们李同学过去的历程、今日的境况所做出的判断。当然，最重要的是你的精神不能松动，你只要一如既往咬定青山不放松，那么，你一定会为我们这些同学，也为你自己才华的实现，创造新的殊荣。

现在请大家举杯，为李同学通过这次磨炼，曲径通幽，再创辉煌，为各位同学、各位朋友的祝福能给你以支持和力量，为你的志向如愿以偿，干杯！

☆ 再创业励志祝辞 ☆

[**主题**] 励志酒

[**背景**] 青年朋友不怕苦、不怕累，大家同心协力一起创业

[**地点**] 某大酒楼

[**人物**] 合作伙伴、朋友

[**祝辞人**] 朋友代表

[**时机**] 开场

[**风格**] 语言有力，鼓励青年朋友要勇于创新，大胆开拓

各位来宾、各位青年朋友：

今天，由三个青年人筹办的 ×× 装饰公司正式开业了！这是他们三人在几个月的时间里，不等不靠，自力更生，不懈努力，用顽强的意志，克服困难的结果；是各有关部门领导、各位朋友热心帮助的结果。在此，我们祝 ×× 装饰公司生意如同春意满，财源更比水源长，开业大吉，万事如意！

法国作家巴尔扎克曾经说过，苦难对于天才是块垫脚石，对能

干的人来说是一笔财富，对弱者来说是一个万丈深渊。从这个意义上来说，磨难和困境是人生的一种特殊财富。

我们祝贺你们的公司开业，更要祝福你们在思想上、意志上的收获。正是由于你们面对下岗、资金无着落、技术无保证、场地有困难的情况下，毫不抱怨、毫不气馁，千方百计奋力拼搏，在困境中创造了奇迹。

我为你们的公司开业高兴，更为你们面对困难的进取精神而自豪。自古雄才多磨难，只有有识之士、有志之人才能真正懂得大风大浪、大起大落的磨难，才能造就非常之人坚定不移的理想信念、百折不挠的顽强意志、大肚能容的广阔胸怀、披荆斩棘的进取精神。排除万难的过程中，更能让人扬起生活的风帆。

为此，我请大家共同举杯，为××装饰公司克服困难成大业，为感谢各位朋友的帮助，为各位来宾的身体健康，干杯！

☆ 工作鼓励祝辞 ☆

[主题] 励志酒

[背景] 小刚在工作上出现了不小的失误，为此而消极失落，朋友们坐在一起开导、劝慰

[地点] 朋友家中

[人物] 朋友、同事

[**祝辞人**] 朋友代表

[**时机**] 开场

[**风格**] 语气委婉，鼓励振奋

亲爱的小刚及各位好朋友：

大家晚上好！

每次我们坐在一起，我都觉得非常快乐，这是因为能与很多朋友一起分享生活中的苦与乐，这也是一件幸福的事。

今天，虽然我们的主角小刚非常郁闷，但我想说，你不要把悲痛留在心里，一时的失败未尝不是一件好事，相信明天你一定能取得更大的成功。

有句话说得好："无论你是在拥有掌声和鲜花，还是处于失败和痛苦中；无论你是在受风雨侵袭，还是享受阳光的午后，我们都要用生命中的那份微笑，以诗情和画意的笑容去涂抹外界的嘈杂。"

人生中最大的成就，就是从失败中站起来。我们愿和你同行，共同迎接暴风雨的洗礼。小刚，放下你内心的失落感吧，我们在座的所有人都相信你是最棒的。

来，大家一起举杯，齐祝小刚战胜自我，再创辉煌！干杯！

☆ 感情失落鼓励祝辞 ☆

[**主题**] 励志酒

[**背景**] 小迪在情感上出现了波折，为此而消极失落，朋友们坐在一起开导、劝慰

[**地点**] 朋友家中

[**人物**] 朋友、同事

[**祝辞人**] 朋友代表

[**时机**] 开场

[**风格**] 劝慰，激励，祝愿早日走出感情的阴影

亲爱的小迪及各位朋友：

很高兴大家能够又一次相聚在一起，虽然说我们美丽善良的才女小迪前一段时间经历了感情上的波折，但我们相信她会调整好自己的心态，走出情感的误区。

感情上的事，不是三言两语就可以说得清、道得明的，希望小迪能够顺其自然，想得开一些，放得平一些。

说实话，我也有过差不多的经历。

当你深爱一个人的时候，是的的确确爱着的，所以没有什么能干扰你。但同时当局者迷，任何一段感情的发展都是不可预知的。

所以,别管以前,别管周围,只有在你真的被刺痛的时候才可以看开,才可以明白。即使最后失败了,也是一段可贵的经历,它多少能带给你些感悟。

有句老话说得好,"爱过了就不要后悔"。今天有这么多的朋友跟你坐在一起,也可以说:你失去了爱情的一棵小树,然而你的身后还站着友谊的一片森林。我们会不离不弃地帮你渡过难关,你的快乐是我们最愿意看到的事。

朋友们,我们今天不是借酒消愁,而是把酒言欢,就让我们一同祝愿亲爱的小迪在爱情的路上越走越宽,每天都开心快乐。

大家干杯!

第八章 乔迁酒：恭贺迁居之喜，室染秋香之气

☆ 乔迁家宴祝辞 ☆

[**主题**] 乔迁酒

[**背景**] 喜迁新居，家人、朋友纷至沓来表示祝贺

[**地点**] 新居家中

[**人物**] 家人、朋友

[**祝辞人**] 乔迁主人

[**时机**] 开场

[**风格**] 话语真诚，感谢前来祝贺的友人

各位来宾、朋友们：

大家晚上好！

首先，我要代表我的家人对各位的光临表示由衷的谢意！

俗话说，人逢喜事精神爽，本人目前就沉浸在这乔迁之喜中。

以前，由于心居寒舍，身处陋室，实在是不敢言酒，更不敢邀朋友们畅饮。因那寒舍太寒酸了，怕朋友们误解主人待客不诚；那陋室太简陋了，真怕委屈了各位嘉宾。

今天不同了，因为今天我已经有了一个能真正称得上是"家"的家了。这个家虽然谈不上富丽堂皇，但它不失恬静、明亮，且不失舒适与温馨。有了这样一个家，能不高兴吗？心情能不舒畅吗？

所以，我特意备下这席美酒，就是要把我乔迁的喜气分享给大家；更要借这席美酒，为同事、朋友对我乔迁的祝贺表示最真诚的谢意；还要借这席美酒，祝各位生活美满、工作顺利、前程似锦！

☆ 庆贺乔迁新居主持辞（一）☆

[**主题**] 乔迁酒

[**背景**] 喜迁新居，家人、朋友纷至沓来表示祝贺

[**地点**] 某大酒楼

[**人物**] 家人、朋友

[**祝辞人**] 主持人

[**时机**] 开场

[**风格**] 热情洋溢，祝未来生活更美好

各位来宾、女士们、先生们：

大家好！

今天我们在这里欢聚一堂，共同祝贺大鹏夫妇乔迁新居之庆。承蒙各位来宾百忙之中抽身到此，我首先代表大鹏夫妇对各位表示最热烈的欢迎和衷心的感谢！

大鹏夫妇一生兢兢业业，勤俭持家，如今事业有成，家庭美满、幸福。所以，我在这里也要代表各位来宾，向大鹏夫妇乔迁新居表示衷心祝贺！

为感谢各位来宾的深情厚谊，大鹏夫妇在这里略设薄宴，望各位来宾海涵赐谅。

各位来宾，让我们高举酒杯，共同祝福大鹏夫妇一家财源广进、合家欢乐！祝各位来宾财运亨通，四季康宁！

干杯！

☆ 庆贺乔迁新居主持辞（二）☆

[**主题**] 乔迁酒

[**背景**] 喜迁新居，家人、朋友纷至沓来表示祝贺

[**地点**] 某大酒楼

[**人物**] 家人、朋友

[**祝辞人**] 朋友代表

[**时机**] 开场

[**风格**] 热情洋溢，妙语连珠，真心祝愿

各位亲朋好友：

大家中午好！

今天，我们在此欢聚一堂，共同祝贺王先生乔迁之喜。承蒙各位来宾的深情厚谊，我首先代表王先生一家对各位的到来表示最热烈的欢迎和由衷的感谢！

王先生在工作上兢兢业业，王夫人勤俭持家，如今家庭美满幸福，孩子已长大成人，而今又喜迁新居。所以，在这里，我代表各位来宾向王先生全家表示衷心祝贺！

朋友们，人逢喜事精神爽，现在就让我们举起手中的酒杯，共同祝福王先生全家一帆风顺、二龙腾飞、三羊开泰、四季平安、五福临门、六六大顺、七星高照、八方来财、九九同心、十全十美！也祝各位来宾年年走红运，天天发大财。

谢谢大家，干杯！

☆ 商家乔迁祝辞 ☆

[**主题**] 乔迁酒

[**背景**] 美容中心喜迁新居，朋友、新老顾客前来祝贺

[**地点**] 某大酒楼

[**人物**] 各界朋友

[**祝辞人**] 来宾代表

[**时机**] 开场

[**风格**] 热情洋溢，祝生意更兴隆、家庭更幸福

尊敬的各位来宾：

莺迁乔木，燕舞春风。

福临喜地，春满华堂。

燕筑新巢春正暖，莺迁乔木日出长。

祥光临福地，喜气满新居。

瑞云捧日日吉利，紫气盈门门盛昌。

今天，是张先生一家喜迁新楼，楼居旺地四时新。同时，又是张先生的爱妻金女士美容美发形象设计中心开业的大喜之日，财源广进滚滚来。首先，让我们向张先生夫妇表示热烈的祝贺。

张先生与金女士拥有一个幸福和睦的家，三代同堂，家业兴

旺。夫妻俩在创业的路上携手并肩，相互支持，相互鼓励，充分发挥各自的一技之长，积极探索，勇于创新。

执着的追求和顽强的意志，促使他们在短短十几年的时间里，发生了翻天覆地的变化。他们曾有过住土房的质朴，住砖房的耐心，更有过住上高楼大厦的渴望。今天，他们终于如愿以偿。

他们在市区的黄金地带购买了 167 平方米的门市楼，于是，他们不仅有了良好的住宅环境，而且，拥有了充分施展才华的阵地，为他们再展宏图、再创佳绩奠定了基础。

此刻，楼内楼外欢声笑语，楼上楼下喜气洋洋。这一切的一切，都要归功于事业的成功。

提起他们的事业，更是叫人赞不绝口。金女士早年就投身于美发事业，从艰苦的学艺生涯，到小本经营逐步发展到今天的规模，其中包含了太多的酸甜苦辣。

有句话说：不经十年寒彻骨，哪得梅花扑鼻香。如今，往日由一人经营的理发店，已经变成了拥有多名员工的美发中心，这是一个巨大的飞跃。

与此同时，金女士用她多年的实践经验和高超的技术水平，培养了一批又一批优秀的学员。如今，她的弟子们大部分已经独立开张营业了，她也深深地体会到了桃李吐芳菲的深刻含义。并且在这个过程中，她自己的技术水平也不断地提高。更重要的一点是，在生活、工作、学习中，顾客群越来越大，朋友越来越多。

致此乔迁之喜及开业大吉的美好之时，也迎来了社会各界的亲朋好友。

在此，我谨代表张先生、金女士夫妇感谢社会各界朋友的支持与厚爱！

朋友们，让我们衷心地祝愿张先生与金女士：念旧友又添新邻友，住高楼更上一层楼。

同时祝大家：生意兴隆通四海，财源广进达三江。

谢谢大家！

第九章 开业酒：看今日吉祥开业，
待明朝大富启源

☆ **酒店开业祝辞** ☆

[**主题**] 开业酒

[**背景**] ××大酒店隆重开业，各界人士前来祝贺

[**地点**] ××大酒店

[**人物**] 酒店人员、各界朋友

[**祝辞人**] 酒店总经理

[**时机**] 开场

[**风格**] 热情洋溢，诚邀各界人士多来消费

尊敬的领导、各位来宾、各位业界同仁和朋友们：

大家好！

很高兴在今天这个特别的日子里，我们能够欢聚一堂，共同庆祝××大酒店隆重开业！首先，请允许我代表××大酒店的全体员工，向今天到场的各位领导和所有的来宾朋友们表示衷心的感谢和热烈的欢迎！

××大酒店位于市区中心地带，集商铺、办公、酒店、餐饮、休闲、娱乐于一体，是按照四星级旅游涉外饭店标准投资兴建的新型综合性商务酒店。值得一提的是，它是本市首家客房内拥有干湿分离卫生间及景观阳台的星级酒店，其优越的地段、舒适的环境、优质的服务和智能化的配套设施，必将给您耳目一新的感受。

正如我们的董事长所说，××大酒店是"我们智慧和汗水的结晶"。它的筹划和诞生，倾注了我们所有人的心血，凝聚了全体员工全新的信念。

欣慰的是，有这么多的朋友默默地关心和支持着我们，陪伴我们一路走来。其中，市领导的高度重视和政策指导，我们××集团高层人员的殷切关怀和鼎力扶持，以及社会各界朋友的热心帮助等等，让我们感激不已。

跨入新世纪，现代化建设突飞猛进，我市经济如火如荼，未来的竞争日益激烈。作为总经理，××大酒店的具体运营者，我深知自己肩负的重担和使命。我的一言一行，一举一动，都将关系到××大酒店的健康发展。但是，困难与希望同在，这么多朋友的关心和指导，是支撑××大酒店存在并运作的信心和源泉。

面对挑战，我坚信，××大酒店必将在市场上傲然挺立，拥有一席之地！为此，我将同全体工作人员用良好的业绩来回报，以不辜负领导、董事长和社会各界的期望！同时，我们××大酒店全体员工，将坚持不断创新的开拓精神，和诸位业界同仁一起，全力以赴，共同致力于我市的建设发展，为我市进一步的繁荣昌盛添上辉煌灿烂的一笔！

最后，我要特别感谢各位领导的莅临指导，感谢董事长于百忙之中能够亲临开业现场致辞！

谢谢大家！

☆ 手机店开业祝辞 ☆

[主题] 开业酒

[背景] 手机连锁店隆重开业，各界人士前来祝贺

[地点] 手机店总部

[人物] 各界人士、朋友

[祝辞人] 某著名品牌手机大区经理

[时机] 开场

[风格] 热情洋溢，祝生意兴隆

各位来宾、各位同仁朋友：

大家好！

金鸡报晓，喜上眉梢，今天是个大喜的日子。在手机市场如火如荼的变革与发展的形势下，我们翘首期待的××手机专卖店今天盛装登场了。

值此中心总店开业庆典之际，我谨代表到场的手机专卖行业同仁，对××手机专卖店的成立表示诚挚的祝贺和衷心的祝愿！

××通信公司是我国通信行业企业的中坚力量，我公司鼎力支持××手机专卖店的开业，对于加快我市通信市场的发展速度、提升我市通信行业服务水平和经济效益、实现通信和手机服务业做大做强的目标都将产生积极的影响。

作为××手机供应商，在对你们寄予厚望的同时，也希望在今后的发展道路上，大家携手合作，互通有无，努力提高通信行业的整体水平和竞争能力，实现共同发展的多赢局面。

祝愿××手机专卖店在今后的发展道路上，越做越大，越走越强。

祝××手机专卖店开业大吉！祝各位同仁生意兴隆！

谢谢大家。

☆ 药厂开业祝辞 ☆

[**主题**] 开业祝贺

[**背景**] 制药厂隆重开业，各界人士前来祝贺

[**地点**] 工厂操场

[**人物**] 各界领导、朋友、职工

[**祝辞人**] 领导代表

[**时机**] 开场

[**风格**] 热情洋溢，高度评价药厂为社会做出的贡献

尊敬的各位领导、各位嘉宾、女士们、先生们：

金秋时节，天高云淡，秋风送爽，在这美丽迷人的十月，我们相聚在风景秀丽的天山脚下，隆重举行××药业有限公司竣工庆典仪式。首先，我代表县委、县政府向今天竣工投产的××药业表示热烈的祝贺，向为项目建设做出辛勤努力的同志们表示亲切的慰问，向参加今天庆典活动的各位领导、各位嘉宾、各位新闻界的朋友表示诚挚的欢迎，向大家一直以来对我县的关心、支持、帮助表示衷心的感谢！

我们县位于天山国家级森林公园中心地带，近年来，我们依托富饶的资源优势，坚持把招商引资作为加快发展的"第一要务"

来抓，大力营造良好环境，打造优势平台，取得了项目建设的丰硕成果，先后引进外来项目几十个，引进资金数千万元，为我县的经济发展注入了新活力，增添了强劲的发展后劲。

在招商引资过程中，我们始终坚持"一个项目一个专班，一个专班一抓到底"的方针，为客商提供全方位、全过程、全天候的"保姆式"服务。为配合××药业项目建设，我们年初投资数百万元动工兴建了占地一万亩的特色工业小区，投资修建了大桥、改造了公路，千方百计加大基础设施建设力度，着力改善投资环境。

走过来的成绩令人鼓舞，今后的发展任重道远。今天，我们举办××药业竣工庆典，就是要在全县进一步强调大项目、大发展的浓厚氛围，进一步强化中心意识、发展意识、服务意识，以"营造一流环境，提供一流服务"作为我们工作追求的第一标准，大力进行招商引资，确保更多的新项目落户我县，继而开花结果。

俗话说："一根篱笆三个桩，一个好汉三个帮。"在我县发展的历史长河里，流淌着无数建设者辛勤的汗水，同样也凝聚着在座各位朋友和社会各界朋友的心血和智慧。我们竭诚欢迎海内外客商和有识之士来我县旅游，洽谈贸易，投资置业，在互利互惠的基础上，与我们携手共建美好未来！

最后祝××药业蓬勃发展，打出品牌，创出佳绩！

谢谢大家！

☆ 娱乐城开业祝辞 ☆

[**主题**] 开业庆贺

[**背景**] 大上海娱乐城隆重开业，各界人士前来祝贺

[**地点**] 大上海娱乐城

[**人物**] 各界领导、朋友

[**祝辞人**] 来宾代表

[**时机**] 开场

[**风格**] 热情洋溢，祝生意兴隆

各位领导、各位同仁、各位来宾：

在这春回大地、万物萌生的时节，我们非常荣幸能够参加大上海娱乐城开业庆典活动。借此机会，我代表娱乐城的李总经理、经营班子和全体员工对娱乐城的开业表示热烈的祝贺，祝你们"生意兴隆通四海，财源茂盛达三江"。

娱乐城的开业，给我市的文化事业带来了一次质的飞跃，也将为繁荣我市的文化建设添上一笔浓抹重彩。李总经理在商界上拼搏多年，积聚了较高的信誉度和知名度，也积累了丰富的实践经验，他对我市的文化事业给予了极大支持，在此我表示衷心的感谢。同时我也相信，娱乐城在他的领导下一定会兴旺发达、财源滚滚。

最后，让我们共同祝愿娱乐城事业亨通、万事大吉！

谢谢大家！

☆ 汽配公司开业祝辞 ☆

[**主题**] 开业祝贺

[**背景**] 汽配公司隆重开业，各界人士前来祝贺

[**地点**] 某大酒店

[**人物**] 各界朋友

[**祝辞人**] ××汽车经销商

[**时机**] 开场

[**风格**] 诚挚祝贺，盼未来合作更美好

尊敬的公司经理盛先生、各位来宾：

大家好！

春风浮面爽，劲吹花绽放。在这春暖花开的季节里，我们迎来了××汽车配件公司开业大喜。首先，请允许我代表××汽车销售公司，特向您及公司全体员工致以最热烈的祝贺！

××汽运公司无论是前卫的经营理念，还是傲人的发展业绩，都足以使其成为汽车运输业的领跑者。

我公司是××汽运公司的合作伙伴，在多年的合作中，我们

致力"共赢共享，直到永远"的企业信条，在汽车运输配件供应"双赢互惠，诚信永恒"，结下了深厚的友谊。在此，我代表本公司，向××汽运公司领导和全体员工表示衷心的感谢！

我坚信，在××汽运公司及各级领导的大力支持下，我们一定能够精诚合作，携手共进。××汽运公司下属企业汽车配件公司的开业，又翻开了我们双方真诚合作崭新的篇章。无论是对企业的发展，还是我们良好的合作，都是一种可喜的预示——全新的高度与更加宏伟的境界，必将共同撑起更新、更美的明天！

祝××汽车配件公司剪彩顺利、开业大吉！

祝各位来宾身体健康、工作顺利、心想事成！

谢谢。

第十章　迎宾酒：客人喝酒就得醉，
　　　　 要不主人多惭愧

☆ 新员工欢迎祝辞（一） ☆

[主题] 欢迎会

[背景] 公司又迎来了一批新员工，领导为他们接风洗尘

[地点] 公司会议室

[人物] 公司领导及新老员工

[祝辞人] 公司领导代表

[时机] 开场

[风格] 热情洋溢，对新员工的到来表示欢迎，希望在新的工作环境下生活愉快

各位新来的员工们：

首先，恭喜你们成为我们公司这个大集体中的一员！

你们进入的是一个充满活力和希望的群体，你们面临的是充满挑战与机遇的工作。

在这里，我们应更加珍惜眼前共事的时光，有温暖、有激情、有体谅、有幽默，因而对人生和事业充满信心，我们就这样逐步成长。

在这里，只要你用心描绘，你一定可以绘出最美妙的蓝图。公司提供发展的平台，希望每一个员工都能做到用无言的默契，用沟通的心灵，用灿烂的笑容，用理解的目光去发展；以单位事业为己任，不以单位利益为己有；全身心地投入毕生的精力和才智，回报我们共同的家。

相信自己，相信公司，相信我们共同的家。今天，公司特地为你们摆设了丰盛的晚宴，希望你们能开怀畅饮。

最后，就让我们共同祝愿你们尽快适应新的工作环境，也能在以后的日子里工作愉快，生活开心。

☆ 新员工欢迎祝辞（二）☆

[**主题**] 欢迎会

[**背景**] 物业公司又迎来了一批新员工，领导为他们接风洗尘，

同时也为他们上了一堂业务培训课

[**地点**] 公司会议室

[**人物**] 公司领导、新老员工

[**祝辞人**] 公司领导代表

[**时机**] 开场

[**风格**] 热情洋溢，对他们的到来表示欢迎，希望尽快熟悉工作业务

各位兄弟姐妹们：

首先，祝贺你们正式成为这个充满希望、拥有活力的公司中的一员。××物业本着真诚合作、共创未来的原则，欢迎有志于物业管理事业的您的加盟，并将为您大展宏图提供广阔的发展空间。

××物业的经营管理理念是：以人为本，以客户满意为目标，为社会提供最佳的物业管理服务。

××物业深信：一个健康的企业要想追求长久的发展，人才是最根本的动力。我们推崇奉献精神，并努力使奉献者得到合理的回报。××物业真诚地希望大家具有强烈的进取精神和创新意识、积极向上的工作态度和真诚合作的团队精神。

一个优秀的企业在注重企业效益的同时，更注重对社会的责任。为了能给员工的职业发展打下良好的基础，××物业将会努力为大家创造和谐、有序的工作环境，适时地提供新理论、新技术的培训机会，并密切关注员工的自我完善和不断提高意识，为优秀的您提供施展才华的舞台。

　　××物业的持续辉煌同样需要您的积极性、创造性、能动性和进取精神，我们期待着您的智慧和才能在××物业得以充分发挥。

　　众所周知，物业管理还算是一个新兴的行业，有着广阔的发展前景，但严峻而残酷的行业竞争不得不引起我们的高度重视。

　　在再次欢迎你们真诚加盟的同时，由衷地希望我们能够做到相互尊重、相互理解、相互信任，在张总经理的正确领导下，锐意进取、开拓创新，共同为××物业创造一个辉煌的明天！

　　谢谢大家！

☆ 导游欢迎祝辞 ☆

[主题] 迎宾酒

[背景] 美丽的海岛又迎来了一批新的客人，导游对他们的到来表示欢迎，祝福他们在接下来的几天内玩得尽兴

[地点] 某酒店

[人物] 导游、客人

[祝辞人] 导游小姐

[时机] 开场

[风格] 热情洋溢，对游客的到来表示欢迎，希望大家吃好、喝好、玩好

各位朋友：

大家好！

欢迎大家来到美丽的海南岛。俗话说得好，"有缘千里来相会"，正是这种缘分使我们走到了一起，在未来的几天里我们将携手走天涯、逛海角，我相信我们将相处得非常愉快。

同时，这里也送上一份海南人民的祝愿，祝愿我们的行程开开心心，顺顺利利，玩得开心，游得尽兴！

我是大家这几天旅程中的导游，大家可以叫我冯导、小冯都行。我从小就有一个梦想，就是希望自己能当导演，虽然今天导演没当成，我最起码做了导游，今后几天大家的吃、住、行、游、购、娱等活动都由我来安排。

作为一名导游员，为各位服务是我应尽的职责，我会尽我的诚心来换取大家的开心。大家有什么事，尽管来找我商量，只要是合理而可能的事，我都会尽最大的努力来完成，希望我的服务能使大家满意。

这位是我们的驾驶员陈师傅，我们这几天的交通、安全等方面都将由他来负责。大家都知道，在旅途中，司机是最辛苦同时也是最默默无闻的，对于未来几天的工作，我们是不是给予陈师傅一点儿掌声呢？

最后介绍一下我们的旅行社，我们××旅行社在海南名列前茅，我们会处处维护游客的权益，这一点请大家放心。

好了，朋友们，酒菜都上齐了，希望你们来到海南的第一次晚餐能够吃好、喝好，然后请您放心地睡个好觉。

最后提醒大家，安顿好了之后别忘了给家人报一声平安，千里之外还有几颗心挂念着您呢！

祝大家海南之行旅途愉快！谢谢大家，请用餐！

☆ 营销会议欢迎祝辞 ☆

[**主题**] 迎宾酒

[**背景**] 营销会议召开，主办方为各位客人安排晚宴，并介绍营销会上的一些内容

[**地点**] 某大酒店会议厅

[**人物**] 厂商代表、各界人士

[**祝辞人**] 主办方代表

[**时机**] 开场

[**风格**] 热情洋溢，对经销商的到来表示欢迎，希望他们借此机会加强合作，创造双赢

尊敬的各位来宾、朋友们：

大家下午好！

水乡云岭，山清水秀，人杰地灵，这里曾经诞生了许多名人巨匠。今天，我们一起来到这个风水宝地，参加××公司的营销会议。在此，我谨代表××电梯有限公司的全体同仁，向远道而来的客

人表示热烈的欢迎，并致以诚挚的问候！

这次会议是××电梯有限公司成立以来的第10次年度营销工作会议，它对于××公司的发展，对于我们共同的未来有着特殊而深远的意义：这是一次传承历史的会议，它延续着××优秀企业几十年乃至上百年的发展历程；这是一次继往开来的会议，它将描绘我们共同事业的美好蓝图；这是一次统一思想、振奋精神的会议，它将向我们展示来年具有挑战性的市场目标；这更是一次同心合力、共商发展大计的会议，它将吹响明年大步进军的号角，引领我们去谱写××公司和在座合作伙伴们共同发展的华美乐章；这也是一次新老朋友、合作伙伴间亲密接触、交流沟通的聚会，它将增进我们的友谊、加深彼此的了解。

新的一年，××公司将奉行"完善网络，转变模式，资源前移，市场优先，强化管理"的营销指导思想，建立并完善遍及全国的销售服务网络，积极转变营销模式，将职能与资源向前线推进，强化与规范营销管理，做到后方服从前线、全线服从市场，以具有竞争力的产品和精细化的服务，实现公司跨越式发展，并为未来的持续成长打好稳固坚实的基础。

朋友们，中国电梯行业正如日中天、蓬蓬勃勃地发展着，××公司更是在中国电梯市场异军突起，在成立后运行到今天的时间里，依靠强大的品牌、产品质量和服务效率优势，销售业绩大幅提升，预示着未来强劲的发展态势，胜利已经在向我们招手！

因此，我们应当为能够成为一名合格的电梯人，并且加盟于如此充满希望、生机勃勃的年轻企业去从事一项大有作为的事业，并和她一起成长壮大而感到自豪和骄傲！

来自五湖四海的各位朋友，共同的事业使我们汇聚在这里，只要抢抓机遇、立足长远、真诚合作，我们必将实现互利共赢的成功；共同的利益使我们众志成城，只要用辛勤去耕耘、用智慧去播种，在金色的季节，我们一定能分享到硕果累累的丰收！

让我们携手拥抱明天！

最后，预祝本次会议圆满成功！

谢谢！

☆ 新生入学欢迎祝辞 ☆

[**主题**] 欢迎会

[**背景**] 一年一度的新生入学，学校召开隆重的欢迎仪式，希望他们在新的学习环境中取得更好的成绩

[**地点**] 学校大礼堂

[**人物**] 学校领导、老师及新同学

[**祝辞人**] 学校领导

[**时机**] 开场

[**风格**] 热情洋溢，对新同学的到来表示欢迎，鼓励他们好好学习，创造佳绩

亲爱的同学们：

你们好！

秋风送爽，丹桂飘香。踏着习习秋风，你们带着青春活力，带着对知识不懈的追求，带着对大学生活的无限憧憬，迈进了××师范高等专科学校。

你们，是新学年里××师专一道最亮丽的风景线；也正是你们的青春激情，给学校注入了无限生机与活力。在此，学校全体师生对你们表示最诚挚和最热烈的欢迎！

古人云："宝剑锋从磨砺出，梅花香自苦寒来。"书山题海间的上下求索，录取通知书的漫漫等待——这一切的艰辛，相信都会在你们迈进××师专校园的一瞬间，凝结成人生中一段美丽而永恒的回忆。

告别了暑期生活，告别了家的温馨，带着父母的嘱咐，带着期盼，带着新奇，你们踏入了心中向往已久的大学校园。一切都是陌生的——新的环境、新的面孔、新的起点，这一切也许会令你感到不知所措。

但感慨之余，你会发现，年轻的××师专有着深厚的文化底蕴、浓郁的学术氛围、优雅的学习环境；有着一支以"教书育人""管理育人"和"服务育人"为宗旨的高素质教职工队伍；有着一群团结友爱、善于创造、朝气蓬勃的可爱的大学生们。在这圣洁的象牙塔中，你一定能寻找到属于自己的舞台。

人生是无数次开始与无数次拼搏的结合，新的起点需要付出新的汗水。希望你们既要理想远大，又要脚踏实地，保持积极进取的精神风貌，勤于学习、善于创造、甘于奉献，在××师专度过最美好的青春时光。

青春壮丽如诗，苦干实干以成！

祝你们在××师专的学习、生活中：身体健康、生活愉快、学业有成！

第十一章　答谢酒：千恩万谢，尽在酒中

☆ 学生毕业祝辞 ☆

[主题] 答谢宴

[背景] 学子毕业并考上了大学，为表达这么多年来老师、亲友们对孩子教导的感激之情，家长举行了隆重的答谢宴会

[地点] 某大酒店

[人物] 家人、老师、朋友

[祝辞人] 学子家长

[时机] 开场

[风格] 热情洋溢，对老师几年来对孩子的悉心教导致以感谢

尊敬的各位老师、亲爱的朋友们：

大家好！

今天的宴会大厅因为你们的光临而蓬荜生辉，在此，我首先代表全家人发自肺腑地说一句：感谢大家多年以来对我女儿的关心和帮助，欢迎大家的光临，谢谢你们！

这是一个秋高气爽、阳光灿烂的季节，这是一个捷报频传、收获喜讯的时刻。正是通过冬的储备、春的播种、夏的耕耘、秋的收获，才换来今天大家与我们全家人的同喜同乐。感谢老师！感谢亲朋好友！感谢所有的兄弟姐妹！愿友谊地久天长！

女儿，妈妈也请你记住：青春像一只银铃系在心坎，只有不停地奔跑，它才会发出悦耳的声响。立足于青春这块处女地，在大学的殿堂里，以科学知识为良种，用勤奋做犁锄，施上意志凝结成的肥料，去再创一个比今天这季节更令人赞美的金黄与芳香。

今天的宴会，只是略表我们的谢意。现在我邀请大家共同举杯，为今天的欢聚，为我女儿考上理想的大学，为我们的友谊，还为我们和我们家人的健康和快乐，干杯！

☆ 结婚周年祝辞 ☆

[主题] 答谢宴

[背景] 风风雨雨几十年，夫妻相濡以沫，为感谢这么多年所

有亲人、朋友对夫妻二人的支持和帮助，向大家敬酒致谢

[**地点**] 某大酒店

[**人物**] 家人、朋友

[**祝辞人**] 夫妻二人

[**时机**] 开场

[**风格**] 热情洋溢，情真意切

尊敬的各位女士们、先生们：

大家好！

15 年的风风雨雨，一路爱表永铭。

今天，是一个平凡而又普通的日子。但是，对于我们夫妻来说，却是一个意义非凡而又值得回忆的日子：结婚纪念日，我们结婚 15 周年，又称为"水晶婚"！

古人视水晶如冰或视冰如水晶，它晶莹剔透，被人们认为是"此物只应天上有，人间难得几回寻"。无色水晶，这就是送给我们结婚 15 周年纪念的宝石。

综上所述，水晶，它是我们平凡人家平凡婚姻的象征——透明的、纯洁的、坚固的、美好的。我们牵手走过了 15 个春秋，相互帮助、支持、谦让、友善、爱护，时间让爱情更加甜蜜，更加幸福，更加美满！

最后，也祝愿大家爱情甜蜜，生活幸福。干杯！

☆ 答谢客户宴会祝辞 ☆

[主题] 答谢宴

[背景] 又是一年过去了，公司与客户在合作上又更前进了一步，借新年之际，公司举行了隆重的答谢宴会

[地点] 某大酒店

[人物] 公司领导、员工代表、各方客户

[祝辞人] 公司领导

[时机] 开场

[风格] 热情洋溢，对客户一年来对公司的支持表示感谢

尊敬的各位来宾、女士们、先生们：

在我们满怀豪情迎接新的一年到来之际，我们以最真诚的感谢、最真挚的祝福在这里举办迎新春答谢客户宴会。首先，我代表××科技公司向一直给予我们支持和厚爱的新老客户表示谢意，并祝你们在新的一年里身体健康、工作顺利、生意兴隆、万事如意！

过去的一年，是我公司快速发展的一年，我们在公司李总的领导下、在各位客户公司老总的支持下，经过我们全体员工的共同努力取得了一定的成绩：全面启动了 ISO9001 质量管理体系试运行，全面强化了基础管理工作；荣获了本市质量管理先进单位光荣称号。

金猿腾空昔年去，

雄鸡唱晓新春来。

回首过去峥嵘岁月欣慰神驰，

展望未来锦绣前程壮怀激越。

在新的一年里，我们将继续努力，不断取得新的突破，来回报广大客户的厚爱，为您事业的大发展尽我们微薄之力。我们将以百倍的努力和良好的服务以及崭新的精神风貌服务于您，我相信，经过我们相互支持、友好合作，我们一定能实现双赢的目标。

再次祝福所有客户及各公司员工新年快乐、万事如意，祝各位事业辉煌、吉年大发！

☆ 开盘答谢会祝辞 ☆

[主题] 答谢宴

[背景] 大厦开盘之际，领导对大厦做出帮助的各界朋友致以谢意，召开宴会

[地点] 某大酒店会议厅

[人物] 大厦领导、各界朋友

[祝辞人] 大厦领导

[时机] 开场

[风格] 热情洋溢，对未来充满希望

尊敬的各位来宾，女士们、先生们：

大家好！

今晚，我代表××大厦项目的全体成员站在这里，想说的只有三句话。

第一是感动。今天，我和在场的每一位来宾一起经历了一个难忘的日子：××大厦在经过八个月的精心筹备之后，终于在明天要正式和大家见面了。这八个月，对于我们来说是具有非凡意义的日子。在这八个月里面，××大厦在全体员工的共同努力下，在各位朋友的支持和关注下，从创建到成熟，从默默无闻发展成为备受多方关注的商业地产项目。今天，莅临宴会的各位朋友和我在这里一起共同分享××大厦成长的快乐，共同祝愿××大厦的未来更加辉煌灿烂。

第二是承诺。××大厦承诺以保障每位客户的利益作为我们考虑问题的根本出发点。对于每一位投资××大厦的客户，我们都会充分替您考虑到可能面对的所有风险和问题，并且我们会从操作模式上来充分保障您的收益。我们项目的新经营模式以及提供高质量的运营管理，都是为了这一目标而服务的。

第三是感谢。感谢大家在百忙之中抽出时间和我们一起在这里共同分享××大厦的成长，更要感谢大家一直以来对××大厦的关注和厚爱，没有你们的支持，就不会有××大厦的今天。在这八个月里，你们深深的信赖与支持，始终是我们战胜一个个困难、精益求精、打造精品建筑的动力。

最后，再次感谢大家光临××大厦开盘的庆祝宴会。在不久的将来，我们会以项目的成功运作与良好的回报，对每一位关注××大厦的客户做出回答。

朋友们，让我们共同举杯，共祝××大厦美好的未来；让我们共同举杯，祝愿光临本次庆祝宴会的各位朋友身体健康，生意兴隆，万事顺利！

谢谢大家！

☆ 年终总结会祝辞 ☆

[**主题**] 答谢宴

[**背景**] 在新春佳节来临之际，在过去的一年里大家同心协力取得了佳绩，公司设宴致以谢意

[**地点**] 某大酒店

[**人物**] 公司领导、员工、朋友

[**祝辞人**] 公司领导

[**时机**] 开场

[**风格**] 热情洋溢，对大家一年来良好的表现高度评价

各位来宾、同事们：

大家晚上好！

金牛辞岁，福虎拱门。告别了硕果累累的牛年，我们迎来了崭新的一年。

在过去的一年里，我公司管理水平不断提高，品牌优势日益凸现，各项事业均呈现出了生机勃勃的崭新局面，这些成绩的取得与各位的大力支持分不开，也是公司全体员工辛勤劳动的结果。

在此，我代表公司全体员工向长期支持工作的分管领导，致以崇高的敬意和衷心的感谢！同时，我代表公司领导班子向一年来无私奉献的广大员工致以亲切的慰问！

值此新春佳节即将来临之际，也是我们公司事业大步向前的一年，让我们共同举杯，祝愿在座的各位身体健康、家庭和睦、万事如意！

祝愿我们共同的事业灿烂辉煌！

最后，祝愿大家度过一个美好的夜晚！

☆ 高考学生答谢祝辞 ☆

[**主题**] 答谢宴

[**背景**] 学子终于走进了"象牙塔"，回首过去的点点滴滴感怀万千，对老师与亲友的帮助十分感谢

[**地点**] 某大酒店

[**人物**] 老师、亲友

[**祝辞人**] 学生本人

[**时机**] 开场

[**风格**] 语言真挚，在动情之余又不失风趣

尊敬的各位老师、亲朋好友：

你们好！

今年高考，我以理科669分的成绩荣获全市第一名，此时此刻，我的心情无比激动，对各位光临本人的状元宴表示由衷的感谢。

首先，我要感谢我的父母。在"望女成凤"思想的左右下，在"不能让孩子输在起跑线上"理念的指导下，我的母亲在怀上我的时候便开始了夜以继日的英语听力训练，以便能通过胎教培养我的英语语感；从幼儿园起就拼命把我往兴趣班送，不惜千金一掷在好几个辅导班之间"辗转腾挪"。虽然我的童趣被扼杀了，却使我赢得了"知识容器"的美誉，值得！

其次，我要感谢我的老师。在"举素质教育之旗，走应试教育之路"思想的支配下，引领我经过千灾百难的考场磨炼，千回百折的题海大战，千辛万苦的昼夜交替，终于让我抓住了这个千载难逢的良机，在众多的考生中夺取了状元之位。虽然湮灭了个性，湮灭了创新，但提高了分数，夺取了"考试机器"的称号，值得！

第三，我要感谢出版社。是他们想教师之所想，急学生之所急，先家长之忧而忧，出版了大量的"模拟试卷""卷王考典"，

这让我们心无旁物，成为了"考试霸王"，出现了"双赢"的局面，值得！

最后，我要感谢制定考试评价制度的老师们。"分数面前人人平等"的录取原则，为我这个只会考试的人荣获状元奠定了基础，学校的"火箭班""重点班"为我的可持续发展创造了条件。顺便感谢眼镜销售公司，"眼镜一度，高考一分"这个口号提得太好了，我戴600度的眼镜，考了669分，真灵！

在以后大学读书的日子里，我一定会加倍努力，不辜负家长、老师、朋友们对我的期望。

谢谢大家！

第十二章　就职酒：鹏程万里看今日，
　　千言万语尽杯中

☆ 新校长就职祝辞 ☆

[**主题**] 就职演讲

[**背景**] 新校长就职，学校举行了隆重的欢迎会

[**地点**] 学校礼堂

[**人物**] 学校领导、老师、学生代表

[**祝辞人**] 新任校长

[**时机**] 开场

[**风格**] 热情洋溢，谦虚谨慎

尊敬的各位领导、各位老师、同学们：

大家上午好！

对我来说，今天是一个特别隆重的日子。首先，我衷心地感谢县教委对我的信任与培养，感谢各位老师对我的关爱和支持，尤其是前任校长，他的艰辛努力为学校今后的发展，奠定了坚实的基础。在此，我向各位领导、各位老师以及我们前任校长表示衷心的感谢！

作为一名城关小学校长，我深知自己的政治素质、人文底蕴、学科知识、决策能力、服务精神都还需要进一步提高，要胜任这一职责，必须付出艰巨的努力。

此时此刻，我想用一位先哲的诗来形容我的心情与愿望，那就是："智山慧海传真火，愿随前薪作后薪！"

最后，祝愿大家身体健康、合家幸福！

☆ 医院院长就职祝辞 ☆

[**主题**] 就职演讲

[**背景**] 医院院长就职，医院举行了隆重的欢迎会

[**地点**] 医院会议室

[**人物**] 医院领导、医生

[**祝辞人**] 新任院长

[时机] 开场

[风格] 谦虚谨慎，盼工作顺利

尊敬的各位领导、同志们：

大家好！

根据组织安排，我到咱们市人民医院任职并主持工作。这对我来说是莫大的荣幸，同时，我也深知肩上担子的分量和责任的重大。

作为全市医疗机构的龙头，多年来，在市委、市政府的正确领导下，在历届领导班子打下的坚实基础上，我们医院无论是整体外观形象还是内部建设，无论是基础设施改善还是医疗水平提高，无论是学科建设还是医德医风树立，各方面都有了很大的进步。就我市来讲，在医疗和服务水平方面，毋庸置疑，其地位和作用不可替代，其设施和技术无可比拟。

今后，让我们大家共勉，使医院的工作迈入新的台阶。

最后，祝大家生活幸福、工作顺利！

☆ 联谊会会长就职祝辞 ☆

[主题] 就职演讲

[背景] 联谊会会长就职，社会各界人士为其举行了隆重的就

职欢迎会

[地点] 某会议大厅

[人物] 县领导、各界人士

[祝辞人] 新任会长

[时机] 开场

[风格] 自我加压，谦虚谨慎

尊敬的各位领导、各位理事、会员们：

大家晚上好！

非常感谢大家对我的信任和支持，推选我担任我县外来人才联谊会第三届理事会会长。对于这一殊荣，本人备感荣幸，同时也深感自己的责任重大。

从各位殷切的目光中，我看到的是大家的期望与重托，我必将在任职期间与理事会全体成员一起，按照联谊会的章程规定尽心竭力开展工作，努力向全体会员交出一份满意的答卷。

作为一名外来者，我在这里已经生活了18年。其间，我经历了我县经济增长所发生的巨大变化，这里所有的成就让我备感自豪，也让我对我县的发展越来越有信心。与此同时，在这里，所有的外来人才也找到了充分施展自己才华的舞台，可以说，这次我们联谊会的成立就是展示个人才华和能力的机会。

作为会长，我必定以身作则，为联谊会的发展尽最大努力。事实胜于雄辩，请让我用实际行动来向大家证明吧。

最后，祝愿联谊会事业兴旺，祝愿大家身体健康，万事如意。

☆ 工会主席就职祝辞 ☆

[**主题**] 就职演讲

[**背景**] 工会主席就职，单位举行了隆重的就职欢迎会

[**地点**] 单位会议室

[**人物**] 单位领导、同事

[**祝辞人**] 新任工会主席

[**时机**] 开场

[**风格**] 深感责任重大，谦虚谨慎

尊敬的各位领导、同志们：

承蒙各位领导和大家的厚爱，选举我担任工会主席。这不仅是对我的一种认同与接受，更是对我的信任和重托，也是对我的鼓舞和鞭策。在此，我表示最衷心的感谢和崇高的敬意。

我深知这个职位责任重大、任务艰巨，肩上的担子很沉。

多年来，我局工会工作在周主席的带领下，经过工会上下广大干部职工的共同努力、开拓进取、扎实工作，已经打下了良好的基础，锤炼了一支优秀的、有丰富工作经验的干部职工队伍。

我将倍加珍视以前形成的好传统、好经验、好做法，倍加重视全局干部职工对我的信任、支持和期望，并把这种信任和期望化为

我前进的动力，坚持与时俱进、开拓创新，努力推动我局工会事业的健康发展，为促进我局工作上一个新台阶做出应有的贡献。

虽然我是做业务工作的，对工会工作涉足不是太多，但今后我将努力加强学习，尽快提高自己的理论水平、政治素质和业务能力，坚持在学中干、在干中学，理论联系实际，努力做到学以致用。

各位领导、同志们，工会工作对我来说是新的起点，在今后的日子里，衷心希望大家对我的工作多指教、多帮助、多支持。同时，也恳请周主席继续关心、支持工会工作，我将以问心无愧的工作作风、以实实在在的行动来报答大家对我的信任和期望。

最后，祝大家身体健康，工作顺利！

☆ 人事部经理就职祝辞 ☆

[**主题**] 就职演讲

[**背景**] 新任人事部经理向领导及同事表示了感谢，并谈了一下自己的就职感受

[**地点**] 单位会议室

[**人物**] 单位领导、同事

[**祝辞人**] 新任人事部经理

[**时机**] 开场

[**风格**] 神情庄重，谈感谢、表决心

各位领导、各位同事：

大家好！

我深知，人事部门的职位担子很重，特别是单位新增的公务员管理部门的责任更大，要求更高。但是，我坚信，只要心里始终装着事业，有公仆观念、群众观点，全力为员工负责，就一定会使我单位的人事管理工作上台阶、上水平、上档次。

我能有这个机会在这个岗位任职，这是大家的厚爱和鼓励，我一定以踏实的工作作风、求实的工作态度、进取的工作精神，恪尽职守，履行职责，以实际行动履行自己的诺言。

虽然，在工作中我还有差距，但我决不气馁。因为从事何种工作岗位并不重要，重要的是如何对待工作，如何在岗位上发掘美的闪光点。

我将一如既往，在单位领导的决策下，与各位同仁一道，同心同德，努力拼搏，共同谱写人事部事业的新篇章。

最后，祝大家工作顺利、生活愉快！

第十三章　职场酒：醉里乾坤大，杯中日月长

☆ 工作总结会总经理祝辞 ☆

[主题] 年度工作总结会议

[背景] 在职工交流中，总经理发表了自己的职场感悟，并与大家交流一下感想

[地点] 某大酒店会议厅

[人物] 公司领导、员工

[祝辞人] 公司总经理

[时机] 开场

[风格] 豪爽直率、充满激情，愿与大家共进退

同志们：

大家好！

我是一个坦诚自信、豪爽直率、充满激情的人，我的一切优点和缺点都在于此。

我身上的文人情愫太重，不算是严格意义上的商人，也不是一位无可挑剔的总经理。

由于我身上有浓郁的文人式的浪漫主义情调，有时候形象思维超过理性的判断。如果说我没有掌握市场经济的一般规律，那是不公正的，但思维方式和行为习惯的浪漫情调，往往与瞬息万变、残酷无情的市场经济并不合拍。

15年的营销生涯实践告诉我：天堂与地狱，在时空的隧道中没有距离，只有一步之遥、一念之差。我们唯有远离陈旧的、落伍的、腐朽的一切阻碍公司发展的观念和行为，唯有在批判中经受血与火的洗礼，才能获得新生。

15年的营销实践让我懂得：在中国，总经理是苦行僧，而不是救世主。他要完成布道修行的使命，就必须具有超人的自律精神、献身精神，为员工、为客户的服务精神，为国家、为社会的奉献精神，同时也为自己负责的精神。

在未来的人生之路上，我对自己的人生信条将永不言改、矢志不移，哪怕遇到意外的挫折打击，也要沉着应对，愈挫愈勇，有所作为。

一位真正的企业家，他的灵魂深处是日夜"痛苦"的。这种"痛苦"，来自于对企业高度负责的精神，来自于对事业永不失望的人生追求；这种"痛苦"，来自于诚诚实实做人的人生观，兢兢业业做事的价值观；这种"痛苦"，来自于永远要保持一颗平常心的自我调整，来自于永远做一个平常人的自我校正。

作为商人和公司的领头人，我决不会为现实的困境所屈服，也决不会在任何困难面前胆怯。无论任何场合、任何时候，我都会为作一名公司的员工而骄傲，为得到大家的支持而欣慰。

今天，值此机会，我表达这样的心声，我希望能够得到各位同仁的理解和共鸣，更希望得到大家的支持和帮助。

最后，祝大家新年愉快，万事如意！

☆ 公司周年庆典祝辞 ☆

[**主题**] 职场交流会

[**背景**] 公司成立10周年，借此机会公司上下同欢共庆

[**地点**] 某大酒店会议厅

[**人物**] 公司领导、员工代表、朋友

[**祝辞人**] 公司经理

[**时机**] 开场

[**风格**] 借题发挥，回忆过去，对未来流满信心

尊敬的各位来宾、各位朋友：

大家晚上好！

首先，请允许我代表××公司董事会向全体员工对于这些年给予的支持和帮助，表示衷心的感谢！

十年风雨，十年历程，人没有变，理念没有变，变的是公司成长了，进步了，发展了！

10年前，××公司以新面孔在种业、饲料市场上出现，经过几年的努力，××跨出了国门，走向了世界。

但回头望望身后那歪歪斜斜的脚印，我们知道，我们做的还不够。看看前方的路，我们知道，我们还需要努力，努力提高我们的种子质量，努力提高我们的团队协作能力，努力提高我们的服务水平。

现在看看大家的表情，我更加坚定了这一点！

大家眼里流露的企盼，让我们感觉这肩上的担子更重了一点；但大家脸上洋溢的自信笑容，让我们信心倍增啊！

我们的朋友来自五湖四海，公司每个人的脚步遍布祖国各地，公司的网络交织大江南北，但这些发展、这些进步，这一切的一切都离不开在座的支持和帮助。因此，请允许我再一次向大家说一声：同志们，你们辛苦了，公司感谢你们！

为进一步加强与客户的沟通与协作，更好地为客户服务，共同将我们的业务做大做强，公司成立了渠道事业部。在座的各位都是我们事业部的一员，事业部这个大家庭不仅仅是我们每个人的，更是我们大家的。

既然公司是我们大家的，那业绩就要靠大家，让我们一起为这个大家庭添砖加瓦，不知道，大家有没有信心啊？

今天是个喜庆的日子，祝大家身体健康、万事如意、天天有个好心情！

☆ 公司领导春节祝辞 ☆

[**主题**] 公司会议

[**背景**] 正值春节来临之际，大家齐聚一堂，贺新春、谈友情、谋发展

[**地点**] 某酒店会议大厅

[**人物**] 公司领导、员工代表、朋友

[**祝辞人**] 公司经理

[**时机**] 开场

[**风格**] 情绪激昂，对未来充满希望

同志们、朋友们：

大家晚上好！

今天，我们相约在清雅怡人的三角湖畔，相聚在辞旧迎新的美好时刻，畅所欲言，为公司更美好的发展谏言献策，我们是心潮澎

湃、百感交集。

荣耀与责任赋予了我们新的使命，未雨绸缪，我们又要踏上新的征程——用聪明创造价值是我们一贯的宗旨，更高、更快、更强是我们永恒的追求，打造国际型工程公司是我们任重道远的目标。贯彻以人为本的治理理念，推行以能为本的治理机制，创造最佳业绩，促进和谐氛围，我们责无旁贷。

在此，我倡议，全体同仁在新的一年里再接再厉，再创佳绩，再上台阶，再谱新篇。我坚信，公司的史册将记载我们的宣言，公司的丰碑将铭刻我们的烙印。

最后，向所有关心与支持公司发展的朋友们表示谢意，并祝你们在新的一年里身体健康、工作顺利、生意兴隆、万事如意！

☆ 同事初次见面祝辞 ☆

[**主题**] 职场交流

[**背景**] 同在职场，大家有缘把酒共话，互相交流

[**地点**] 某大酒店

[**人物**] 新、老同事

[**祝辞人**] 同事代表

[**时机**] 开场

[**风格**] 真心叙情，实意喝酒

各位同事：

说实话，我们这么多人能走到一起真不容易，绝对是缘分，而且在工作中能够无私地互相帮助，相处非常融洽，真是一个非常和睦的大家庭。

真的，我们在一起相处的时间，经常超过跟家人在一起的时间，亲情、友情都有了。是这个大家庭，给了我快乐，也给了我希望，我真的非常爱这个家庭，有感情啊！

为了这个大家庭的感情，我们是不是该碰一杯？干杯！

☆ 同事聚会祝辞 ☆

[主题] 职场交流

[背景] 同事聚会，同在职场的年轻人格外高兴

[地点] 某大酒店

[人物] 各部门同事

[祝辞人] 同事之一

[时机] 开场

[风格] 不拘小节，有一说一，对大家的帮助表示感谢

朋友们：

我是个性情中人，感情外露，说话随意，也不拘小节，对自己要求不够严格。

所以，可能在工作中我表现出来的毛病是最多的，问题也最大。但是，大家对我都很宽容，帮助也最多，令我非常感动，在这里我深表感谢！

同时，对平时的一些不当言语，不周行为，我深表歉意！但是，我对每个人的心是真诚的，对领导、对同事、对朋友，都是真诚的！

为表示诚意，我多倒一点儿酒，向各位表示感谢，表示歉意。来，干杯！

☆ 工作交流会祝辞 ☆

[**主题**] 职场交流

[**背景**] 中秋节前一天，大家聚在一起交流职场心得

[**地点**] 某大酒店

[**人物**] 公司领导、员工

[**祝辞人**] 部门主管之一

[**时机**] 中场

[**风格**] 轻松愉快，以酒助兴

　　各位领导、各位同事：

　　这是第六个酒，六六大顺，我祝各位，也祝各位的家人，爱情、事业都事事顺心！

　　辛苦忙碌了大半年，工作的事情可以暂时告一段落了。但在节后，大家还要进行新的冲刺。

　　今天，咱们就放下工作，彻底放松心情，来个一醉方休！喝了这个酒，下面的酒怎么喝，请领导唱主角！干杯！

第十四章　庆功酒：老酒下去，工作上去

☆ 优秀员工颁奖祝辞 ☆

[主题] 庆功宴

[背景] 经过努力工作，销售部取得了可喜的成绩，公司对他们给予奖励

[地点] 某酒店会议厅

[人物] 公司领导、员工

[祝辞人] 优秀员工代表

[时机] 开场

[风格] 谦虚谨慎，不骄不躁，祝公司发展得更好

尊敬的各位领导、销售部的同事们：

大家好！

非常感谢在座的各位领导能够给予我这份殊荣，我感到很荣幸，心里无比喜悦，但更多的是感动。真的，这种认可与接纳，让我很感动，我觉得自己融入这个大家庭里来了，自己的付出与表现已经被回报了最大的认可。

在今后的日子里，我会更加努力。在此，感谢公司领导指引了我正确的方向，感谢同事耐心地教授与指点。

虽然被评为优秀员工，我深知，我做得不够的地方还有很多，尤其是刚刚接触电子这个行业，有很多知识还需要我去学习。我会在延续自己踏实肯干的优点的同时，加快脚步，虚心向老员工学习各种工作技巧，做好每一项工作。

这个荣誉会鞭策我不断进步，使我做得更好。

事业成败关键在人。在这个竞争激烈的时代，你不奋斗、拼搏，就会被大浪冲倒，我深信：一分耕耘，一分收获，只要你付出了，必定会有回报。从点点滴滴的工作中，我会细心积累经验，使工作技能不断地提高，为以后的工作奠定坚实的基础。

让我们携手一起为公司的未来共同努力。

最后，祝大家工作顺心如意，步步高升！

☆ 学校建设周年庆典祝辞 ☆

[**主题**] 庆典会议

[**背景**] 学校建校已有 30 年了，为国家培育了大批人才，全校师生及各界人士欢聚一堂，对建校 30 周年隆重庆贺

[**地点**] 学校操场

[**人物**] 学校领导、各界人士、老师及学生代表

[**祝辞人**] 学校校长

[**时机**] 开场

[**风格**] 自豪激动，不骄不躁，再立新功

各位来宾、亲爱的老师、同学们：

大家好！

今天××中学迎来了 30 周年华诞。值此喜庆时刻，我谨代表××中学向多年来为了××中学的发展勤勤恳恳工作的全体教职员工们，为了××中学的荣誉而刻苦攻读的全体学子们，表示崇高的敬意和衷心的感谢！

斗转星移，岁月沧桑。风风雨雨，××中学走过了 30 年的光辉岁月。历经 30 年的拓荒播种，这里已成为一片沃土，一株株幼苗茁壮成长，桃李成荫，春华秋实。

回首往昔，我们骄傲；展望未来，我们向往；恩随荫庇，我们感激；承前启后，我们深感任重道远。

成就是昨天的句号，开拓是永恒的主题。在新的岁月里，在新的征程中，我们将紧紧把握时代的主旋律，狠抓"三风"建设，积极推进"名师"工程，并继续深化新课程改革，大力推进素质教育，向着"积淀文化底蕴、注重精细管理、打造本地品牌、创办特色学校、培育一流人才"的目标迈进，争取更大成绩，报答所有关心××中学的父老乡亲的拳拳之心。

我坚信：××中学的明天会更灿烂！谢谢大家！

☆ 签约仪式祝辞 ☆

[**主题**] 庆功宴

[**背景**] 经过艰苦的谈判，双方代表终于成功签约

[**地点**] 某酒店会议厅

[**人物**] 公司领导、各界人士、员工代表

[**祝辞人**] 公司代表

[**时机**] 开场

[**风格**] 对双方签约表示祝贺，对双方发展前景充满希望

尊敬的各位领导、各位来宾：

今天，作为××药业集团的代表，我满怀着喜悦，代表集团全体员工热烈祝贺××医院成为我们合作的兄弟单位。

近年来，医疗市场竞争日趋激烈，医院的改革迫在眉睫。在这种困境下，××药业集团积极参与医疗产业价值链的重建，致力于提升医院价值，在全国率先创建集团化连锁经营新模式，快速聚集优势技术、资本，实现医疗资源的优化和共享，筑起更广阔的事业平台。

集团通过输出品牌、管理、技术和优秀的服务团队，尤其是通过商业化运作，在放大优势医疗资源价值的同时，提升医院的竞争力。我相信，本公司对××医院给予全方位的支持，通过公司产品的不断导入，医院的社会效应和经济效益会有明显的提升。

今天，我们又多了一个兄弟，又多了一份欢乐，又增加了一份新的力量。"雄关漫道真如铁，而今迈步从头越"，今后，××医院将和我们一起，在××药业集团的合作支持下，并肩携手，风雨同舟，紧紧把握市场脉搏，充分依托××药业集团广阔的资源平台，以新的姿态、新的步伐，谱写新的篇章，创造新的辉煌！

我们坚信，也真诚地祝愿，加盟××药业集团以后，××医院能得到更快的发展，职工们能得到更多的学习机会，人民群众能得到更加优质高效的医疗服务！

最后，祝我们××药业集团与××医院的事业蒸蒸日上！祝在座的各位身体健康，事业发达，万事如意！

☆ 公司成立百日宴会祝辞 ☆

[主题] 庆功宴

[背景] 公司成功运作 100 天，所有的创业者无比感慨

[地点] 某大酒店会议厅

[人物] 公司领导、各界人士、员工代表

[祝辞人] 公司领导

[时机] 开场

[风格] 自豪激动，对大家所付出的努力表示敬意

各位领导、各位伙伴，女士们、先生们：

大家晚上好！

枫叶流丹，北燕南归，正是秋光好。在这金秋收获之季，我们迎来了××公司百日之庆。

今晚，在这宾朋满座、欢聚一堂的时刻，我谨代表公司总经理向今天光临现场的各位朋友表示最热烈的欢迎！向三个月来热血奋斗的全体员工表示最诚挚的感谢！

三个月前，××公司在欢庆的鞭炮声中成立了。

三个月来，全体员工在竞争日趋激烈的市场环境下，以饱满的激情和艰苦的努力，本着开拓者的崭新姿态，勇猛拼杀，短短

三个月就打开了市场知名度。

在这三个月的创业历程中，我们每个人都经历了磨炼，也经历了成长。一切从零起步，业务从陌生到熟练，市场份额从空白到辐射全市，这些都是我们共同努力的结果。

伙伴们，为了庆祝以前取得的巨大成功，也为了以后能够取得更大的成就，就让我们一起举杯，祝愿公司明天会更好。干杯！

☆ 员工表彰大会祝辞 ☆

[**主题**] 工作总结会议

[**背景**] 一元复始，万象更新。公司取得的成绩是所有员工努力的结果，为此公司召开表彰大会，对有突出贡献的员工给予奖励

[**地点**] 某会议大厅

[**人物**] 公司领导、各界人士、优秀员工

[**祝辞人**] 公司领导

[**时机**] 开场

[**风格**] 心情振奋，公司的成长与员工的努力是分不开的

尊敬的各位领导、女士们、先生们：

大家好！

今天，是××公司成长中的一个新起点。首先，我谨代表公

司向前来参加"××公司员工表彰大会"的各位领导、分公司员工、新闻界朋友，以及一直以来支持公司发展的朋友们，致以衷心的感谢！

寒暑交迭，万象更新，倏然间岁月的年轮在不经意中又多划了一个圈。值此辞旧迎新的时刻，按照中国的传统习惯，人们总是免不了要为过去的一年做个系统的总结、回顾或者说是盘点，不论其形式如何，目的终归是期冀来年事业的与时俱进和兴旺发达。

多年来，我公司致力于铁矿采选和冶炼行业的振兴与发展，带头进行产业结构调整，带头整合资源走可持续发展道路……我们以其朴实的文化、严格的管理、过硬的技术、先进的设备、周到的服务，在激烈的市场竞争中铸就了一个非常响亮的品牌。

今天，××公司已经从一个小型乡镇企业发展成为集选矿、冶炼、铸造、商贸为一体的大型企业。今后，公司将坚定不移地创新经营机制，提升企业管理水平，推进现代化企业管理进程；加大环境保护的投入力度，走可持续发展之路：在内涵上延伸，提高企业科技含量，力争在同行业内做大做强。

公司将一如既往地坚持"以人为本"的管理理念：从"以人为本"到"以您的生活为本"，不仅展现了我们长期以来贴近客户、了解客户和尊重客户的传统，还体现了我们对满足客户个性化需求的不懈努力。

前路漫漫，任重而道远。创新永不止境，改革永无停滞，发展才是硬道理！把发展作为公司的第一要务，坚决冲破一切妨碍发展的思想观念，坚决改变一切束缚发展的做法，坚决革除一切影响发展的体制弊端，才能不断开创我公司改革发展的新局面。

值此岁末之际，谨祝全体默默奋斗在生产第一线的员工们身体健康，心想事成；祝我公司的各项事业日新月异，再创辉煌！

☆ 表彰会上的表态辞 ☆

[**主题**] 表彰大会

[**背景**] 某局的科技工作取得了扎实有效的成绩，领导决定对此项工作做出突出贡献的同志给予表彰

[**地点**] 会议室

[**人物**] 局领导、相关人员

[**祝辞人**] 获奖代表

[**时机**] 中场

[**风格**] 喜悦振奋，深感荣幸，渴望再立新功

尊敬的各位领导、同志们：

今天是一个喜庆的日子、收获的日子，我局在这里召开大会，隆重表彰优秀工作成果报告、优秀科研论文的作者。

作为一名青年人，作为一名获奖者，参加今天的大会，我感到非常荣幸，心情十分激动。首先，请允许我代表全局青年科技工作者向各位获奖作者表示最热烈、最诚挚的祝贺。

开展优秀工作成果报告、优秀科研论文评选活动，目的就是倡导全局职工更加积极主动学技术、钻业务，在全局营造注重学习、尊重创新、科技兴业、人才强企的良好氛围，这无疑为我们青年人施展才华提供了难得的机遇和广阔的舞台。

今天的表彰大会，对我们青年人有着极大的鼓舞和鞭策作用。在激动之余，我们应更加深深地认识到使命光荣、责任重大。我们应以今天为新的起点，在今后的工作中更加发奋努力，争取更大的成绩。

"企业兴衰，我的责任。"青年人是一个单位持续发展的生力军，我们每一个人都肩负着实现我局科学发展、快速发展、和谐发展的重要使命。

我们应以时不我待的紧迫感，珍惜分分秒秒，勤于学习、善于学习，尽快成长为地质找矿、岩土施工、矿业开发、地理信息、机械制造等各个产业的骨干力量、中坚力量，成为懂技术、善经营、会管理的全方位、复合型、高素质人才，回报单位的培养。

为此，在这里，我代表全局广大青年科技工作者和专业技术人员郑重表态：

一、我们要树立"终身学习"的理念，不断提高自身素质。学习是我们青年人成长的重要阶梯，更是我们不断完善和发展自我的必由之路。我们要养成良好的学习习惯，紧跟社会发展的步伐，紧跟单位发展的需求，不断用新的知识充实、提高自己，努力成长为复合型人才，以良好的综合素质为单位的发展做出新贡献。

二、我们要脚踏实地，勇于实践，不断增长自身才干。实践是我们成才的唯一途径，丰富的知识只有与实践有机结合，才能发挥无穷的力量。我们应把个人的理想融入到我局事业发展的实践中，脚踏实地干工作，一心一意谋发展，自觉把所学的知识运用到具体工作中，立足本职，爱岗敬业，开拓进取，在平凡的岗位上练本领、长才干，真正成为我局发展的栋梁之才。

三、我们要甘于寂寞，乐于奉献，不断实现人生价值。众所周知，干技术工作相对而言是枯燥的、寂寞的。作为新时期的青年知识分子，要想有所建树，必须静下心来勤钻研、勤思考，经得起考验，耐得住寂寞，这也是我们历练品德、陶冶情操、增长阅历的必须。同时，我们应保持朝气蓬勃、积极向上的工作热情，甘于奉献，让自己的成长、成才、成功始终伴随着单位的发展。我相信，我们年轻人一定能成为我局发展的主力军。

青年朋友们，"逆水行舟用力撑，一篙松劲退千寻"。我们应迅速行动起来，在各自的岗位上掀起学技术、钻业务的竞赛，争取人人都成为岗位上的技术能手、产业发展的行家里手，用我们的实际行动，弹奏铿锵的进取音符，谱写出更加壮美的青春乐章！

谢谢大家！

第十五章　座谈会：座上客常满，樽中酒不空

☆ **教师节座谈会祝辞** ☆

[**主题**] 座谈会

[**背景**] 教师节来临之际，省里组织了一个老教师座谈会，会上大家发表了自己的一些看法

[**地点**] 某学校礼堂

[**人物**] 省教委领导、各地老师、学生代表

[**祝辞人**] 教师代表

[**时机**] 开场

[**风格**] 自豪激动，对教育事业无私奉献

尊敬的各位领导、来自各地的老师们：

大家好！

在这硕果累累的金秋时节，我们怀着激动与喜悦迎来了今年的教师节，更怀着感动与幸福来参加省教师节座谈会。作为一名小学教育工作者，我感到无上的光荣和强烈的使命感。

在执教的 20 年来，我从乡镇到城区，从一名中师毕业生成长为全国模范教师，真真切切地体验了政府和学校对教师的关怀与培养。沐浴着党的阳光雨露，我们欢欣鼓舞、自强自励，积极探索实施素质教育的有效策略，特别是在留守儿童教育方面做了很多尝试，有力地促进了少年儿童的健康成长。

因为爱和责任，使得我们对留守儿童倾注了浓厚的情感；因为情和执着，铸就了我们对教育事业的无限忠诚。关爱学生、无私奉献、爱岗敬业、勇于创新，这是学校和家长对我们的重托，也是我们教育事业永恒的主题，我们将永远沿着这个主题高歌猛进！

最后，让我们共同祝愿教育事业迈向新台阶，祝愿大家身体健康！

☆ 校友座谈会祝辞 ☆

[主题] 座谈会

[背景] 又成立了一个校友会，大家坐在一起畅谈，谈各人的

变化，谈学校的变迁，交流感情，互通有无

[**地点**] 学校礼堂

[**人物**] 校领导、老师、各届校友

[**祝辞人**] 校友代表

[**时机**] 开场

[**风格**] 祝福校友会的成立，盼各地校友时常相聚

各位老师、各位同学：

大家好！

本来应该由主人致辞，我作为客人是没有资格的，但应主人之邀也不能过于拒绝，在这里就说那么几句：

去年1月18日上海校友会成立，会上有91届的36位同学出席了成立大会，而且非常活跃。去年2月28日北京的校友会又相继成立，来向我们敬酒的又有91届的同学。在老大哥面前，他们都称自己是小字辈，可见，这一届校友都活跃得很哪。

今天，你们在离校25年之后，又以91届的名义举办第一届同学会，可见你们非一般的凝聚力和号召力。

相对于我校的历史来说，你们是小字辈，但从你们现在的年龄和担负在肩上的重任来说，你们却是上顶着天、下撑着地的中字辈。

当今社会评价80后和90后是好样的一代，那么70后，更是承上启下的关键新生代。

这一代不仅是家庭的顶梁柱，更是国家和社会的中坚、栋梁。

我们已经是古稀之年，而你们却来日方长，社会的发展、国家

的进步全靠你们，我也深信你们是好样的。

请允许我代表我校广大教师，祝贺同学们在新的一年中事业有成，全家幸福，鹏程万里。

☆ 公司客户座谈会祝辞 ☆

[主题] 座谈会

[背景] 岁末年初，公司与各方客户坐在一起畅谈这一年来的合作感受

[地点] 某大酒店会议厅

[人物] 公司领导、客户、员工代表

[祝辞人] 公司领导

[时机] 开场

[风格] 心潮澎湃，对客户多年来的支持表示感谢，希望继续加强合作

女士们、先生们：

下午好！

在这瑞雪将至的岁末年初、新旧交替之际，承蒙各位的赏光，我们得以相聚在一起展望全新的一年。在此，请允许我代表××公司及全体员工，对各位的到来表示衷心的感谢和热烈的欢迎！

在即将过去的一年里，我公司承蒙广大客户的支持和厚爱，在竞争激烈的市场环境下仍取得了不错的成绩。昨天，我公司第二条新型工艺熟料生产线——日产 2000 吨熟料新线按期点火投产，由此，我公司的优质高标准水泥生产规模已扩大到 300 万吨，我公司也因此成为南方地区最大的水泥生产基地之一。

我认为，在企业的整个经营过程中，用户的满意才是唯一珍贵的财富，只有让用户满意，公司才能成长，才能成为市场的主导。今天在座的各位来宾，都是与我们有着长期深厚友谊的合作伙伴，都是我们最值得信赖和尊敬的朋友。

我们非常愿意在即将到来的新一年里，与在座的各位来宾发展、保持、巩固全面的合作关系，以双边和多边无间的合作来获得双赢或者说是共赢。

最后，我对各位的赏光再次表示由衷的感谢，祝愿大家在新的一年里万事顺意、财源滚滚！祝愿我们与各位的良好合作更上一层楼！同时，向今天所有的来宾，并通过你们向你们的亲人、朋友和同事拜个早年，祝各位身体健康、合家幸福！

☆ 财政工作座谈会祝辞 ☆

[主题] 座谈会

[背景] 参加全省的财政工作座谈会，各方代表纷纷对当前的

财政工作发表了自己的观点

[**地点**] 财政办公楼会议厅

[**人物**] 省领导、相关部门领导和代表

[**祝辞人**] 市领导

[**时机**] 开场

[**风格**] 对各相关部门的工作给予肯定，简单谈了一下当前工作的重点

各位领导、各位朋友：

在这暖意浓浓的阳春三月，我们十分高兴地迎来了全省农业财政工作座谈会的召开。

我代表市委、市人民政府对前来参加会议的省厅领导以及兄弟市的朋友们表示热烈的欢迎，对多年来一直关心、支持我市财政工作的刘厅长以及省财政厅各位领导表示衷心的感谢！

这次会议能够在我市召开，我们感到十分高兴，我们将不遗余力当好东道主，竭诚为各位提供热情、优质的服务，使您的短暂之行留下美好的记忆。

全省农业财政工作座谈会，是省财政厅召开的一次很重要的会议，主要是贯彻落实中央号和省委号文件精神，进一步研究落实对"三农"的各项支持政策。

这次会议，对我们来说是一次十分难得的学习和交流机会，我们将倍加珍惜这个机会，认真学习、虚心求教，也请省厅及兄弟市的同仁们不吝赐教。

近年来，在省财政厅的帮助下，我市财政部门积极探索新形势下财政工作的新路子，适时转变理财思路，大力推进财政改革，先后进行了票款分离、罚缴分离、政府采购、工资统发、综合预算、部门预算、国库集中支付等项改革。

同时，我市财政系统的文明创建工作也取得了十分显著的成绩，去年市财政国库支付中心被授予国家级"青年文明号"，市财政局被评为"市级文明单位标兵"，这是我们财政系统的光荣和骄傲。

各位朋友，我们真诚希望您能够通过这次会议认识我市、了解我市、关心我市，也希望通过这次会议，我们能结下深厚的友谊。

最后，祝大家身体健康、生活愉快、万事如意。

第十六章　商务酒：人在江湖走，哪能不喝酒

☆ 宴请合作方董事长祝辞 ☆

[**主题**] 商务招待

[**背景**] 企业董事长前去合作厂家考察，厂方热情迎接，双方就各种事宜展开了会谈

[**地点**] 厂方会议室

[**人物**] 双方领导、员工代表

[**祝辞人**] 厂方领导

[**时机**] 开场

[**风格**] 直点主题，说出了双方的合作愿望

尊敬的李董事长、尊敬的贵宾们：

李董事长与我们合资建厂已经两年了，今天又亲临我厂对生产技术、经营管理进行指导，我们表示热烈的欢迎。

两年来，我们感到高兴的是，我们双方合资建厂、生产、经营管理中的友好关系一直稳步向前发展。

我应当满意地指出，我们友好关系能顺利发展，是与我们双方严格遵守合同和协议、相互尊重和平等协商分不开的，是我们双方共同努力的结果。

我相信，通过这次李董事长亲临我厂进行指导，能进一步加深我们双方相互了解和信任，更能进一步增进我们双方友好合作关系的发展，使我厂更加兴旺发达。

最后，让我们以热烈的掌声，向李董事长的到来表示欢迎！顺祝李董事长和各位来宾身体健康、万事如意！

☆ 贸易洽谈招待会祝辞 ☆

[主题] 商务招待

[背景] 利用公司成立三周年，举行了一次贸易洽谈招待会

[地点] 某大酒店会议厅

[人物] 社会各界朋友、合作伙伴

[祝辞人] 公司领导

[时机] 开场

[风格] 为彼此的合作顺畅表示高兴，希望大家继续支持本公司的发展

女士们、先生们：

值此××木业三周年厂庆之际，请允许我代表公司并以我个人的名义向远道而来的贵宾们表示热烈的欢迎。

朋友们不顾路途遥远专程前来贺喜并洽谈贸易合作事宜，为我厂三周年厂庆更添了一份热烈和祥和，我由衷地感到高兴，并对朋友们为增进双方友好关系做出的行动表示诚挚的谢意！

今天在座的各位来宾中，有许多是我们的老朋友，我们之间有着良好的合作关系。我们建厂三年能取得今天的成绩，离不开老朋友的真诚合作和大力支持，对此，我们表示由衷的感谢。同时，我们也为能有幸结识来自全国各地的新朋友感到十分高兴。在此，我再次向新朋友表示热烈欢迎，并希望能与新朋友密切协作，发展相互间的友好合作关系。

"有朋自远方来，不亦乐乎。"在此新朋老友相会之际，我提议：为今后我们之间的进一步合作，为我们之间日益增进的友谊，为朋友们的健康幸福，干杯！

☆ 公司招待会祝辞 ☆

[**主题**] 商务招待

[**背景**] ×× 公司到李氏集团进行商务洽谈，李氏集团举行了欢迎会

[**地点**] 李氏集团会议厅

[**人物**] 双方领导、员工代表

[**祝辞人**] ×× 公司代表

[**时机**] 开场

[**风格**] 对当前两家公司的发展形势做了一个介绍，希望两家公司能够建立起良好的合作关系

尊敬的李先生，尊敬的李氏集团的朋友们：

首先，请允许我代表 ×× 公司考察团全体成员对李先生及李氏集团对我们的盛情接待表示衷心的感谢。

我们一行五人代表 ×× 公司首次来贵地访问，此次来访时间虽短，但收获颇大。仅三天时间，我们对贵地的电子行业有了比较全面的了解，与贵公司建立了友好的技术合作关系，并成功地洽谈了电子技术合作事宜。这一切，都得益于主人的真诚合作和大力支持。对此，我们表示衷心的感谢。

电子行业是新兴的产业，蒸蒸日上，有着广阔的发展前景。贵公司拥有一支由网络专家组成的庞大队伍，技术力量相当雄厚，是电子开发市场中的一枝独秀。我们有幸与贵公司建立友好的技术合作关系，为我地电子业的发展提供了新的契机，必将推动我地的电子业迈上一个新台阶。

最后，我代表××公司再次向李氏集团表示感谢，并祝贵公司再创奇迹，更希望彼此继续加强合作，共创美好的明天。

谢谢大家！

☆ 合作企业聚会祝辞 ☆

[主题] 商务会谈

[背景] ××集团组织了合作企业人士欢聚一堂，在对他们表达感谢之时，也寄语大家在接下来的合作中更上一层楼

[地点] 某大酒店会议厅

[人物] ××集团领导、社会各界人士

[祝辞人] ××集团领导

[时机] 开场

[风格] 语言恳切，对未来的发展充满信心

各位尊敬的来宾：

一元复始，万象更新，在令人激动、充满希望的新年到来之际，我们满怀盎然春意，欢聚一起，共谈未来。首先，我代表××集团对出席今天宴会的各位来宾表示热烈的欢迎，向所有几年来关心和支持我公司的朋友致以春天的问候，感谢大家一直以来对××集团的支持和厚爱！

多年以来，在座诸位同××集团一路走过，对我们而言，这是一种缘分，也是一种幸运；这是一段辉煌的记忆，也是一段不平凡的岁月。

这些年来，我们取得的一切成绩都离不开在座各位的激励与鞭策，借此机会，我代表××集团全体员工对大家给予我们的支持和厚爱献上最真诚的谢意！我们也将在日后的工作中兢兢业业、辛勤耕耘。同时，我们也自信于公司的实力，面对种种考验，以全新的奋斗精神，知难而上，顽强拼搏，用高昂的斗志和极大的工作热情，圆满完成每一项工作任务。

诚然，登山的路途并不平坦，我们需要在座各位朋友的扶持，需要大家的帮助，这样才能最终攀上最高的山峰，实现"一览众山小"的宏愿。

我们希望，您能同我们一起见证这个充满生机和活力的时代的到来！面对未来，机遇与挑战同在，光荣与梦想共存，××集团将经过管理的变革，依靠全新的企业文化，通过实施多元化、国际化的发展战略，一定能够迎来更加辉煌、美好的明天！

最后，用一首咏春古诗来表达我此刻的感受："春江潮水连海平，海上明月共潮生。滟滟随波千万里，何处春江无月明。"愿诸位朋友身体康健，诸事顺意。谢谢大家！

☆ 公司欢迎宴会祝辞 ☆

[**主题**] 商务招待

[**背景**] ××酒业代理公司新办公楼落成，公司举行了盛大的欢迎嘉宾招待会

[**地点**] 办公楼餐厅

[**人物**] 社会各界人士

[**祝辞人**] 公司领导

[**时机**] 开场

[**风格**] 热情洋溢，对大家的到来表示感谢，共祝美好明天

女士们、先生们：

一诺大然为古新，豪华落尽见真淳。

我很荣幸地代表××酒业公司，欢迎各位领导、酒业经销商精英、各位常来常往的朋友、各位贤惠的女士、各位花枝招展的小姐、各位尊贵的先生的到来。

使我感到特别荣幸的是，我能代表公司讲话，因为这是我们第一次有幸在我公司新落成的办公楼与各位见面。

最干净的水是深山淙淙流淌的清泉，商界最难能可贵的是互相之间的提携。我感谢各位为我们之间牢不可破的友谊所付出的辛勤劳动和心血，同时也感谢各位盛情来到这次嘉宾云集的交流会。

美好的时光，美好的心情，伴随着悦耳动听的音乐和欢声笑语，祝各位来宾：前面是平安，后面是幸福；吉祥是领子，如意是袖子，快乐是扣子，可口可乐伴你生活每一天！

下面，就让我们携手××公司追求更加美好的明天，也祝愿在座各位身体健康、发大财！